桉树人工林土壤生态过程

郑 华 张 凯 陈法霖 等 著

科学出版社

北 京

内 容 简 介

桉树是世界三大速生丰产树种之一,其种植对生态系统的影响是近些年备受争议的重要议题。为了深入探讨桉树种植的生态影响,本书以桉树人工林土壤养分迁移、转化和交换过程为重点,研究了桉树取代天然次生林及桉树连栽对土壤理化性质、凋落物分解、土壤微生物群落结构与代谢功能的影响;分析了氮肥施用对桉树人工林土壤温室气体排放和养分淋溶过程的影响。

本书可供从事生态学、土壤学、林学、农学、环境科学及相关专业的高校师生和研究人员参考。

图书在版编目(CIP)数据

桉树人工林土壤生态过程/郑华等著. — 北京:科学出版社,2018.2
ISBN 978-7-03-056427-6

Ⅰ.①桉… Ⅱ.①郑… Ⅲ.①桉树属–人工林–土壤生态体系–研究 Ⅳ.①S154.1

中国版本图书馆CIP数据核字(2018)第018200号

责任编辑:李 敏 杨逢渤/责任校对:彭 涛
责任印制:张 伟/封面设计:无极书装

科 学 出 版 社 出版

北京东黄城根北街16号
邮政编码:100717
http://www.sciencep.com

北京京华虎彩印刷有限公司 印刷
科学出版社发行 各地新华书店经销

*

2018年2月第 一 版 开本:787×1092 1/16
2018年2月第一次印刷 印张:9 1/2
字数:460 000
定价:**128.00元**
(如有印装质量问题,我社负责调换)

前　言

　　桉树是桃金娘科桉属 (*Eucalyptus*) 植物的统称，原产于澳大利亚和东南亚一带。20 世纪以来，随着桉树速生、丰产和用途广泛的特征被人们逐步认识后，桉树被广泛引种，并被誉为世界三大速生丰产树种 (杨树、松树、桉树) 之一。联合国粮食及农业组织 (Food and Agriculture Organization of the United Nations，FAO)2000 年的统计显示，全世界热带和亚热带地区桉树人工林面积达到 1786 万 hm^2，约占世界人工林面积的 1/10，桉树成为世界上种植最广泛的阔叶树种。2009 年，世界桉树人工林面积达到 2007 万 hm^2。

　　我国是世界上桉树人工林 (*Eucalyptus* plantation，EP) 面积较大的国家。1990 年，全国有 17 个省 (自治区、直辖市) 的 600 多个县引种桉树，桉树人工林面积达到 67 万 hm^2；到 2015 年，全国桉树人工林面积达 450 万 hm^2。其中，广西是全国桉树人工林面积最大的自治区，占全国桉树种植面积的 40% 以上，广东、海南、福建、四川等地也营造了大面积桉树林。

　　为了促进桉树人工林的丰产和可持续经营，国内外学者一方面围绕桉树的育种、繁殖、营林和病虫害防治等技术开展了大量研发，另一方面针对桉树林经营管理过程中的林地生产力、植物多样性、土壤肥力、营林措施等开展了深入研究。然而，部分研究表明桉树种植由于改变了原来的生态系统过程，也会造成一些不利的生态影响，如破坏区域水分平衡、增加水土流失和荒漠化、地力衰退和生物多样性丧失等。这些不利的生态影响引起人们对桉树种植和推广合理性的质疑。

　　土壤生态系统与森林地上部生物有着复杂的物质与能量的迁移、转化和交换，是生物与环境间进行物质和能量交换的活跃场所，是人工林植物生长所必需的营养物质的重要来源。土壤生态过程的变化直接影响森林营养库的大小、养分可获得性及林地经营的可持续性。为了深入探讨桉树种植的生态影响，本书以桉树人工林土壤养分迁移、转化和交换过程为重点，研究了桉树取代马尾松林和天然次生林 (natural secondary forest，NSF) 以及桉树连栽对土壤理化性质、凋落物分解、土壤微生物群落结构与代谢功能的影响；分析了氮肥施用对桉树人工林土壤温室气体排放和养分淋溶过程的影响。

　　全书共分 8 章，第 1 章回顾了桉树人工林的发展、主要经营管理措施及生态效应；第 2 章介绍了本书中研究工作所采用的研究方法；第 3 章阐述了桉树造林及其随后的连栽对植物多样性和土壤性质的影响；第 4 章分析了桉树造林及其随后的连栽对土壤微生物群落结构和功能的影响；第 5 章研究了桉树人工林施氮和土壤有机碳水平对土壤微生物群落的影响；第 6 章探讨了桉树人工林施氮和土壤有机碳水平对土壤温室气体通量的影响；第 7 章研究了桉树人工林施氮和土壤有机碳水平对土壤养分淋溶的影响；第 8 章总结了本书的主要结论，并提出了桉树人工林生态系统可持续经营的建议。

本书写作分工如下：第 1 章，张凯、陈法霖、郑华；第 2 章，张凯、陈法霖、郑华；第 3 章，陈法霖、张凯、郑华；第 4 章，陈法霖、郑华；第 5 章，苏丹、陈法霖、郑华；第 6 章，张凯、李睿达、郑华；第 7 章，张凯、郑华；第 8 章，张凯、陈法霖、郑华；全书由郑华、张凯、陈法霖统稿并校稿。

本书研究工作得到国家自然科学基金 (31170425；40871130) 的资助，研究工作实施过程中得到了广西国有东门林场的大力支持，谨此表示诚挚的感谢。

由于作者研究领域和学识的限制，书中难免有不足之处，敬请读者不吝批评、赐教。

作　者

2017 年 6 月

| 目 录 |

|第 1 章| 桉树人工林发展、管理及效应

桉树是桃金娘科桉属(*Eucalyptus*)植物的统称,原产于澳大利亚和东南亚一带,因速生、丰产、耐贫瘠被世界各国广泛引种造林。早在 1961 年,Penfold 和 Willis 就编写了 *The eucalypts*:*Botany, cultivation, chemistry, and utilization*,对桉树的生物学特征、栽培方法、引种和利用情况进行了系统介绍。我国学者祁述雄于 1989 年编写《中国桉树》,2002 年再版,系统全面地介绍了我国桉树引种、栽培和利用等方面的生产经验和研究成果。1999 年,余雪标主编《桉树人工林长期生产力管理研究》,收录了桉树人工林生产力、群落结构、养分循环、土壤肥力、生态问题和可持续经营理论等方面论文 20 篇。2008 年,温远光主编《桉树生态、社会问题与科学发展》,对桉树在社会和生态问题方面的争论与桉树科学发展战略进行了深入分析。结合上述研究,本章主要总结桉树人工林的发展历史、管理状况和生态环境影响。

1.1 桉树人工林的发展

桉树原产于澳大利亚和东南亚一带,因速生、丰产、耐贫瘠被世界各国广泛引种造林。

1.1.1 世界桉树人工林的发展

世界范围的桉树引种最早可追溯到 18 世纪末 ~ 19 世纪初。1804 年前后,澳大利亚的桉树种子首次被带到巴黎,随后被广泛播种;1823 年,智利在安第斯山区引种桉树;1828 年,南非在好望角引种桉树;1843 年,印度引种桉树;1855 ~ 1870 年,巴西大面积种植桉树。此外,葡萄牙、西班牙、意大利、阿根廷、乌拉圭、巴拉圭、波多黎各、秘鲁、阿尔及利亚、突尼斯、厄瓜多尔、埃塞俄比亚、埃及、肯尼亚、尼日利亚、约旦、中国、日本、斯里兰卡等国家或地区也引种并营造了大面积的桉树人工林。

世界桉树人工林的发展经历了曲折的历程。Bennett(2010) 将桉树的全球发展分为四个阶段:第一阶段,1850 ~ 1900 年,这段时间桉树被狂热地种植和扩张;第二阶段,1900 ~ 1960 年,热带地区桉树种植失败;第三阶段,1960 ~ 2000 年,桉树在热带地区的种植持续增加并获得成功;第四阶段,20 世纪末开始有对桉树的批判,特别是在 1980 年的印度和泰国,这种批判达到高潮。

早在 19 世纪,许多国家和地区就开始从澳大利亚引种桉树,包括印度、南非、巴基斯坦、

美国旧金山、马来西亚、巴西等。这个时期引种的桉树主要用于绿化观赏和科学研究。

到了 20 世纪，随着桉树速生丰产和用途广泛的特征被人们逐步认识后，桉树被热带地区广泛引种，并被誉为世界三大速生丰产树种（杨树、松树、桉树）之一（王正荣，2011）。然而，由于受育种和造林技术限制，许多热带地区的引种造林并不成功，这种状况持续到 20 世纪 50 年代。

20 世纪 60 ~ 80 年代，随着林业科学技术的飞速进步，特别是桉树的育种、繁殖、营林和病虫害防治等技术的发展，桉树人工林得到了快速发展。20 世纪 90 年代初，全球桉树人工林面积达到 1200 万 hm^2；联合国粮食及农业组织 2000 年的统计显示，全世界热带和亚热带地区桉树人工林面积达到 1786 万 hm^2，约占世界人工林面积的 1/10，桉树成为世界上种植最广泛的阔叶树种；2009 年的不完全统计显示，世界桉树人工林面积达到 2007 万 hm^2，种植面积较大的国家有巴西、印度、中国和南非等。

然而，桉树人工林的种植也引起了一些批评。早在 1983 年，印度的 Shiva 和 Bandyopadhyay 在 *Ecologist* 上发表论文，认为桉树种植破坏了区域水分平衡、增加水土流失和导致荒漠化，是印度的灾难性树种。1990 年，Lohmann 也在 *Ecologist* 上撰文，指出大规模的桉树经济林侵占了农民的土地，导致农民无地可种，转而开垦天然林，加速了天然林的破坏；商业精英和跨国公司成为桉树经济林发展的利益获取者，农民则抗议经济林占地和天然林破坏；其背后隐藏的经济发展、农村生计和环境保护之间的博弈引起了广泛关注。虽然桉树人工林的发展因经济、社会、生态环境问题出现过激烈的争论，但总体而言，世界桉树人工林发展迅速，桉树人工林面积呈指数增长趋势（图 1-1）。

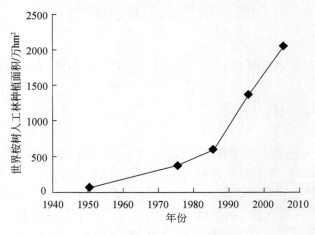

图 1-1　世界桉树人工林种植面积变化

资料来源：温远光，2008。

1.1.2　中国桉树人工林的发展

我国引种桉树时间较早，主要集中在南方交通方便的通商口岸城市。例如，1890 年从意大利引进多个品种的桉树到广州、香港和澳门等地，还从法国引进细叶桉到广西龙州；

1894 年，福州引种野桉；1896 年，昆明引种蓝桉；1910 年，四川引种赤桉；1912 年，厦门引进多个桉树品种等。我国早期引进的桉树主要作为庭园观赏树种和护路树种。

中华人民共和国成立以后，桉树的种植和研究得到了很大发展。20 世纪 50 年代初，广东湛江建立了粤西桉树林场（现国营雷州林业局）；20 世纪 60 年代，广西钦州和南宁也办起了 10 余个经营桉树的国有林场；1972 年，成立了南方五省桉树科技协作组，20 世纪 80 年代初改为中国南方桉树研究会；1987 年，组建林业部桉树研究中心；1990 年成立桉树专业委员会，创办《桉树科技》杂志。20 世纪 80 年代后，开展了"中国 – 澳大利亚政府技术合作计划东门桉树示范林项目"（1981 ~ 1988 年）、"澳大利亚阔叶树种引种与栽培"等国际桉树合作项目，极大地促进了我国桉树人工林的发展。

到 1990 年，全国有 17 个省（自治区、直辖市）的 600 多个县引种桉树，桉树人工林面积达到 67 万 hm²；2001 年，全国桉树人工林面积达到 154.5 万 hm²；2010 年，达到 368 万 hm²（中国桉树研究中心数据）；2015 年，达到 450 万 hm²。全国桉树人工林面积最大的省（自治区、直辖市）是广西，2010 年报道显示广西全区桉树人工林面积约为 165 万 hm²，占全国桉树种植面积的 46%；此外，广东、海南、福建、四川等地也营造了大面积的桉树人工林。

1.2　桉树人工林管理

桉树人工林依据其经营目的分为用材林、经济林、防护林、风景林和薪炭林等，经营目的不同，其管理措施也有所不同。本书中，广西国有东门林场、海南儋州林场和白沙县桉树人工林的主要用途均为加工板材，其主要管理措施包括整地、施肥、松土、除草等，且采取多代连栽的经营方式。

1.2.1　连栽

我国桉树人工林主要是作为短轮伐期的工业用材林经营的，其中大部分采取多代连栽的经营方式。以广西国有东门林场为例，该林场桉树人工林主要是尾巨桉，轮伐期为 5 年，一般一代林植苗，二代林萌芽，三代林植苗，四代林萌芽，依次类推。萌芽更新作业法，是由采伐后的桉树保留伐根，从根基部的休眠芽或不定芽萌发生长起来的植株，经过培育长成树林，以达到经营人工用材林的目的的作业方法。萌芽林投资少，抗风能力强，生长量达到或超过一代植苗林，经济效益高。也有研究报道，人工林的多代连栽会造成地力衰退、生产力下降等问题（罗云建和张小全，2006）。

1.2.2　整地

整地是指通过造林地的除杂、深耕、松土，从而使土壤疏松，改善通气状况，提高蓄水能力，促进土壤养分释放和有效性提高，改善土壤理化性状。其目的是改善立地条件，从而有利于桉树幼林成活生长。因整地耗时多、工作量大、投资大，所以要因时因地认真选择。

桉树人工林的整地主要包括林地清理、整地方式和整地季节。

1) 林地清理。桉树种植前，如果林地杂草灌木较少，可以不清理林地；如果杂草灌木和高草植物较多，在整地前，要砍除灌木、挖起树根，将不作木材、炭薪的可燃部分平铺晒干后及时烧炼。烧炼期间需注意防火，烧炼后需及时整地，将草木灰翻入土壤中作肥料。有些地区，为防止水土流失，只清理杂木和残余物，保留部分地面杂草。对于松树或桉树林砍伐后再种植桉树的林地，除杂草灌木外，还需要根据具体情况决定是否要挖出松树或桉树的根。一般当挖则挖，可不挖的不挖，最好用除草剂抑制其萌芽，以免影响新造幼林的生长。另外，不挖树桩有助于裂土后林地的水土保持，且经济效益高。

2) 整地方式。整地的目的在于改良土壤，使其疏松，增强保水保肥透气能力，同时需要防止水土流失等问题。整地方式包括机耕全垦、推带裂土、人工全垦、人工带垦和撩壕整地等，一般应根据立地条件，选择不同的整地方式。机耕全垦适用于坡度小于15°的低丘和台地，一般翻土深度不小于30 cm。推带裂土适用于坡度10°～25°的低山丘陵。一般先踏查路线，用推土机沿等高线推出2.5～3 m的水平带，在推好的水平带上裂土。对于不能使用机械作业的林地，可采用人工全垦、人工带垦或撩壕整地。

3) 整地季节。桉树人工林整地时间的选择要根据气候条件和营林计划而定。一般在温度较低、落了透雨、土壤已湿润时造林，林木成活率高，生长快。整地一般安排在造林前2～3个月，以便于土壤风化。我国大部分地区在造林前一年夏末秋初时进行林地清理，秋末冬初时进行整地，翻耕后的土经过冬晒和风化，有利于土壤养分的矿化，增加土壤养分有效性，促进幼林生长。

1.2.3 施肥

由于桉树速生、丰产、养分需求量大的特征，施肥已成为维持桉树人工林生产力的必要措施。我国的桉树人工林施肥实验在20世纪50年代就已经开始，至今各地的桉树人工林都采取基肥和追肥结合的施肥方式。桉树所施用的肥料包括有机肥、氮、磷、钾、钙和微量元素，大部分研究表明，施肥显著促进了桉树人工林生长，提高了林地生产力。然而，由于各地土壤条件不同、桉树品种不同，如何因地制宜选择肥料、肥料元素的配比、施肥的经济效益等仍是比较复杂和困难的问题，各地仍在调查研究和开展对比实验。

1.3 桉树人工林生态效应

目前，对桉树人工林生态系统的研究主要集中在林地生产力、植物多样性、土壤肥力和土壤微生物等方面。

1.3.1 林地生产力

相比于许多本土造林树种，桉树生长迅速，林地生产力高。但是桉树林通常采用连栽的经营措施，而连栽会导致土壤退化、林地生产力下降等问题。余雪标等 (1999) 在广东雷州河头林场研究了连栽桉树人工林生长特征和树冠结构特征，发现林木平均树高、胸径、单株材积量、蓄积量、冠幅长度、体积和叶生物量随连栽代次 (generation) 增加而降低。各代次单株干材生物量占单株生物量比例为 84.5% ~ 86.6%，有随代次增加而稍有增加的趋势，皮、枝、叶生物量比例则有递减趋势；平均单株根量和根量密度均随连栽代次增加而递减。

然而，也有研究认为连栽并未导致桉树林生物量降低。朱宇林等 (2005) 在广西东门林场研究了连栽对尾巨桉林木生长特性的影响，结果发现，林木胸径、树高和蓄积量并没有出现下降的趋势，但其连年生长量已开始出现明显的衰退现象。梁宏温等 (2008) 在广西国有东门林场的研究发现，尾巨桉二代乔木层总生物量高于一代，但差异不显著；干材生物量占总生物量的比例随林龄增大而增加，干皮、枝、叶、根所占的比例随林龄增大而减少。

可见，不同地区的研究结果之间存在差异，这可能与桉树品系、土壤肥力和林地管理有关。本书在调查研究中发现，相比于广东和海南的桉树林地，广西地区的桉树林地土壤更为肥沃，病虫害少，且施肥管理更为合理。

施肥可以增加土壤养分含量和可利用性，从而增加桉树人工林林地生物量生产。余雪标 (2000) 研究了施肥对尾叶桉生长的影响，结果表明施肥处理显著增加了土壤养分含量，促进了树木生长，施肥处理的林木材积为不施肥处理的 9.8 倍。马强等 (2010) 研究表明，相比于不施肥处理，追施氮肥处理的桉树林林地生物量增加了 24%。另外，施肥也可以通过缓解环境胁迫对植物的影响而促进植物生长。万雪琴等 (2012) 研究发现，重金属 (Cd^{2+}、Cu^{2+} 和 Pb^{2+}) 会胁迫巨桉生长，造成叶绿素含量、光合作用、PS Ⅱ[①]原初光化学反应量子产率等均显著降低，而增施氮肥可缓解重金属对植物的毒害，提高叶绿素含量和光合速率。

1.3.2 植物多样性

大量研究表明，桉树造林改变了林地植物多样性，但不同研究结果不同。一种观点认为桉树造林降低了林下植物多样性。刘平等 (2011) 通过野外调查发现，桉树人工林的林地植物多样性指数和均匀度指数均显著低于周围天然次生林。温远光等 (2005) 在广西国有东门林场的长期定位监测结果发现，第二代桉树林林下植物物种数比第一代降低 50%，香农－维纳多样性指数 (Shannon Wiener's diversity index)、辛普森多样性指数 (Simpson's diversity index) 均下降，连栽降低了灌木层物种的丰富度和多样性，提高了草本层物种的丰富度和多样性，他认为短轮伐期是导致桉树连栽时物种多样性降低的主要因子。叶绍明等 (2010) 也发现尾巨桉林下植物多样性随连栽代次而显著下降。

另一种观点认为桉树造林增加了林下植物多样性。朱宏光等 (2009) 研究了广西钦州市马尾松和巨尾桉人工林林地植物多样性，结果表明，相比于马尾松林地，桉树人工林林地植物物种数较多，木本植物的香农－维纳多样性指数、辛普森多样性指数和均匀度指数无显著变化，而草本植物的三个多样性指数均显著升高，表明桉树造林提高了草本层物种多样性。黄勇等 (2010) 对海南桉树纸浆林的植物多样性进行研究，发现与其他经济林、荒坡地和次

---

① PS Ⅱ，即 photosystem Ⅱ complex，光系统Ⅱ。

生林相比，桉树林并没有明显抑制林下物种的生长，反而表现出更高的物种多样性和个体数，而且相比于公司经营，农户经营的桉树林林下草本物种丰富度较高。

桉树造林对植物多样性的影响可以从化感作用、人为干扰、土壤养分等方面进行解释。

首先是化感作用。化感作用指的是植物通过其自身分泌、挥发或残体分解过程，向环境中释放化学物质，从而影响周围植物或土壤微生物生长发育的现象 (Rice，2012)。大量研究发现，桉树叶片和果实等组织中含有几十种挥发性组分，如香树烯、α-水芹烯、8-桉叶油素、蓝桉醇等，具有较强化感作用 (Lisanework and Michelsen，1993；Pereira et al.，2005；Batish et al.，2006)。这些物质通过凋落物和根系分泌物进入土壤，并在土壤中不断积累，抑制林下植物的种子萌发和幼苗生长。丘娴等 (2007) 研究发现，尾叶桉的叶片挥发物和水浸提物对相思和南洋楹的幼苗生长表现出不同强度的抑制作用。郝建等 (2011) 研究发现，尾巨桉林土壤浸提液对菜心、白菜、水稻和萝卜的叶绿素、脯氨酸等多个生理指标均有显著影响。可见，桉树的化感作用可能是林下植物多样性降低的原因之一。但也有研究认为，在自然环境下，桉树林化感物质的浓度并不足以对林下植物的萌芽和生长造成抑制。

其次是人为干扰。桉树人工林需要翻耕、整地、除草等管理，人为干扰强度极大，是影响桉树林林下植物多样性的重要因素。中度干扰假说认为，中等程度的干扰频率能降低个别物种的优势度，维持群落的物种多样性，而干扰过度或者不足则会降低群落多样性，这可能解释了不同研究中桉树林林下植物多样性变化的差异。钟宇等 (2010) 研究了巨桉人工林草本层物种的生态位，认为草本层优势种种间关系连接性不强，较为松散，分布相对独立，物种间的生态位重叠相对较低，这可能导致桉树林林下草本层物种多样性升高。

最后是土壤养分。林地植物多样性与土壤养分有着密切关系。一方面，林下植物多样性可能通过改善微生境，促进土壤养分的保持和积累；另一方面，较高的土壤养分和可利用性支持了较高的地上植物多样性。叶绍明等 (2010) 研究了桉树连栽植物多样性与土壤理化性质的关系，发现随桉树连栽代次增加，林下植物多样性和土壤理化性质均呈下降趋势，植物多样性指数与土壤容重、pH、有机质、氮、磷、钾、钙和镁等存在显著关系。杨再鸿等 (2007) 在海南的研究也发现桉树林林下植物多样性与土壤速效氮、磷显著相关。

1.3.3 土壤肥力

土壤肥力是维持人工林生态系统生产力的基础。研究表明，桉树造林会改变土壤物理结构、养分总量和可利用性、微生物群落结构和功能，影响土壤肥力 (Vitousek et al.，1987a；Vitousek and Walker，1989；Sicardi et al.，2004；Berthrong et al.，2009)，但不同研究的结果并不一致。

大部分研究表明，桉树造林显著降低了土壤持水能力、有机碳、养分元素、微生物生物量和代谢活性。邹碧等 (2010) 研究发现，相比于阔叶混交林大幅提高土壤持水能力，桉树林土壤长期保持板结状态，土壤持水能力没有改善。Lemenih 等 (2004) 在埃塞俄比亚的研究发现，相比于农业用地，桉树人工林土壤全碳、全氮、盐基饱和度、阳离子交换量、可利用磷、钾和交换性钙显著较低，表明桉树造林引起了土地退化。茶正早和黎仕聪 (1999)、Behera 和 Sahani (2003)、Sicardi 等 (2004) 研究表明，与天然次生林或牧场相比，桉树人工林土壤有机碳、总氮、速效氮、磷、钾显著较低。

Chen 等 (2013) 发现马尾松林转变为桉树林后、土壤微生物代谢活性显著下降。李宁云等 (2006) 比较了旱冬瓜、果园、云南松和桉树林土壤酶活性,发现桉树林土壤蔗糖酶、蛋白酶、脲酶和过氧化氢酶活性均最低。谭宏伟等 (2014) 研究发现桉树林土壤 β- 葡糖苷酶、蛋白酶和酸性磷酸酶活性显著低于马尾松林和天然次生林。

桉树的种植年限和代次也会影响土壤肥力。余雪标 (2000) 对雷州林业局不同代次桉树林土壤肥力进行研究,发现土壤养分随连栽代次增加而降低。华元刚等 (2005) 对海南桉树林土壤养分调查发现,桉树种植 6 ~ 10 年后,土壤有机质和全氮分别降低约 10%,速效磷降低约 30%。桉树种植 20 年后的采伐迹地土壤有机质降低了 44%,全氮降低了 79%。在桉树种植 40 年后,有机质下降 60% ~ 95%,全氮降低 100% ~ 220%,全磷下降 44% ~ 72%(廖观荣等,2002)。明安刚等 (2009) 和叶绍明等 (2010) 也发现类似结果。马晓雪等 (2010) 研究了天然林和坡耕地转变为桉树林后土壤养分含量的变化,结果表明,天然林转变为巨桉林会造成土壤养分降低,但这种情况可能随着栽种年限的增加有所缓解,同时,坡耕地转变为巨桉林后,土壤养分含量随栽种年限的增加而增加。

桉树造林降低土壤肥力可能由树种变化、轮伐期、林下植被、炼山和翻耕等因子及其相互作用造成。桉树为速生丰产树种,养分需求量大,易造成土壤养分过度消耗 (项东云,2000)。采伐是人工林养分输出的主要途径,据研究报道,桉树采伐时带走的养分量(包括树干的全部及枝、叶、皮、根等部位) 的质量分数占林木养分含量的 80%(廖观荣等,2003)。相比于天然林和其他人工林,桉树人工林轮伐期仅为 5 年,较短的轮伐期意味着频繁的林木采伐和大量的养分输出,从而造成土壤碳、氮等养分含量的降低 (余雪标,2000)。

林下植被不仅可以改善微生境,促进土壤微生物生长和酶活性提高,还能缓解降雨侵蚀和减少养分流失。但在桉树林管理时,为了减少生长初期林下植物和桉树的养分竞争,营林者会在桉树种植后的前 3 年施用除草剂,破坏和抑制林下植被的生长,从而导致桉树林地微环境较差,土壤微生物生物量和酶活性均较低,同时,也更容易受降雨侵蚀,造成水土流失和养分淋溶 (于福科等,2009)。

炼山是林地转化和桉树连栽过程中土壤有机质和养分流失的重要环节。研究表明,炼山往往会造成土壤有机质含量降低 (杨尚东等,2013) 或某些挥发性养分损失 (Fisher and Binkley,2000)。同时,高温会杀死一部分热敏感的微生物,或通过改变土壤理化性质,造成土壤微生物生物量和土壤酶活性的降低 (de Marco et al.,2005)。另外,炼山也清除了地表植被和凋落物层,造成了土壤裸露,易受降雨侵蚀 (余雪标,2000)。

桉树造林前的翻耕整地旨在疏松土壤,促进根系生长,但往往也会破坏土壤结构,加快土壤有机质的分解 (Turner and Lambert,2000),造成土壤碳、氮含量的下降。另外,翻耕造成的土壤结构破坏,加之炼山对林下植被和凋落物层的清除,以及除草剂对林下植被生长的抑制,在降雨集中的季节,极易造成严重的水土流失。有机质是土壤微生物的能量来源,也是酶的底物 (李秀英等,2005)。马尾松林转变为桉树林后,土壤碳、氮含量的降低可能直接造成纤维二糖水解酶、过氧化物酶、蛋白酶和脲酶活性的降低,或通过降低土壤微生物生物量,影响酶活性(张凯等,2015)。

　　而另一些研究则认为桉树造林对土壤肥力无显著影响或提高了土壤肥力。在夏威夷进行的一系列研究发现，甘蔗地转变为桉树人工林后，土壤中来自于甘蔗的有机碳比例降低，而来自桉树的有机碳比例增加，但土壤有机碳总量并未发生变化 (Bashkin and Binkley，1998；Binkley and Resh，1999)。Mishra 等 (2003) 在印度的研究表明，桉树种植 3 年、6 年、9 年后，钠质土壤的理化性状都有所改善，有机碳、总氮、可利用磷，以及可交换钙、镁、钾离子均有所增加，且改善的效果随着树龄增加而增加。Ashagrie 等 (2005) 分析了埃塞俄比亚天然林转变成桉树林 21 年后土壤质地和有机质含量的变化，发现转变前后土壤 20 cm 深的总有机碳、氮、硫的浓度和储量并没有显著变化。Maquere 等 (2008) 研究发现灌木稀树草原转变为桉树林后，不管是短期轮伐还是持续生长，经过 60 年后，表层土壤碳储量显著增加。Pulrolnik 等 (2009) 研究发现，热带稀树草原转变为桉树人工林后，土壤有机碳并没有发生改变。邓荫伟等 (2010) 研究发现 10 年林龄桉树林土壤有机质、全氮、有效磷、速效钾含量均接近或超过马尾松和杉木林。

　　不同研究结果之间的差异，可能与桉树品种、土壤特征、土地利用变化类型和林地的管理 (轮伐期、炼山、翻耕、施肥和除草等) 有关。总体来说，相比于大径材桉树品种，作为纸浆林的小径材桉树品种通常轮伐期短，养分输出多，对土壤肥力的消耗严重。从原始林或次生林转变为桉树林通常会导致土壤肥力降低，而从盐碱地和农田转变为桉树林会导致土壤肥力升高，这是比较对象本身的差异所致。

1.3.4　土壤微生物

　　微生物在森林生态系统的凋落物分解和土壤养分循环过程中发挥着不可替代的作用 (van der Heijden et al., 2008；Chapin et al., 2002；Hawksworth, 2001)。大部分研究表明，桉树造林显著改变了土壤微生物群落的结构和功能，但不同研究结果并不一致。

　　有研究认为桉树造林降低了土壤微生物生物量、改变了微生物群落结构、降低了微生物代谢功能。例如，Behera 和 Sahani(2003)、Sicardi 等 (2004) 发现，与天然次生林和牧场相比，桉树人工林土壤微生物群落的生物量和代谢熵均显著降低。王冠玉等 (2010) 比较了杉木林、相思林、灰木莲和桉树林土壤微生物群落结构，发现桉树林土壤细菌数量较少，而真菌和放线菌数量较多。谭宏伟等 (2014) 研究发现，桉树林土壤可培养微生物数量、微生物生物量碳、氮，细菌多样性和碳氮磷转化相关酶活性均低于天然阔叶林。

　　然而，也有研究认为桉树造林增加了或没有改变微生物数量。冯健 (2005) 研究发现，相比于青冈次生林，巨桉人工林土壤微生物生物量较高，且以好气性固氮菌、根瘤菌、氨化细菌和有机磷分解菌为优势类群。Pulrolnik 等 (2009) 发现，由原生的热带稀树草原转变为桉树人工林后，土壤微生物生物量碳、氮并没有发生改变。

　　另外，随着桉树种植年限和代次的增加，土壤微生物群落结构和功能也会发生变化。张丹桔 (2010) 研究发现，巨桉人工林土壤微生物总数从轮伐期前至轮伐期 (1～5 年) 降低，此后随林龄增加显著升高；土壤微生物的香农 – 维纳多样性指数和 Pielou 指数在轮伐期前 (1～4 年) 有波动的增加，而后随林龄逐渐减小，但辛普森多样性指数则呈相反趋势。胡凯和王微 (2015) 研究发现，桉树人工林根际土壤中细菌和真菌数量、氮转化基因 (*nifH*、

amoA、*nosZ*) 和土壤酸性磷酸酶、*β-* 葡糖苷酶、多酚氧化酶和过氧化氢酶活性随种植年限的增加而降低。杨远彪等 (2008) 研究发现，桉树林土壤果聚糖蔗糖酶活性随着连栽代次的增加而降低。

桉树人工林对土壤微生物群落的影响是多途径的，大致可从以下四个方面分析：①桉树的速生特性导致土壤养分的消耗严重，土壤微生物可能因养分资源缺乏而受到影响。②桉树通过凋落物分解和根系分泌物，影响土壤微生物。与天然林相比，桉树人工林的凋落物组成多样性较低，且凋落物分解和根系分泌都会产生化感物质，可能会改变土壤微生物的群落结构和功能 (胡亚林等，2005)。③桉树通过改变林下植物多样性和丰富度，间接影响土壤微生物。④桉树种植过程中，林地管理措施 (混交林、施肥、炼山等) 直接影响土壤结构和养分特征，进而改变土壤微生物群落结构和功能。例如，桉树与其他树种 (豆科牧草、相思、黄檀等) 的混交林土壤微生物总数要高于纯林 (刘月廉等，2006；谢龙莲等，2007；黄雪蔓等，2014)，适度地砍伐扰动会增加土壤微生物生物量和酶活性 (杨鲁，2008)。

|第 2 章| 研究区域概况与研究方法

为了明确桉树人工林的生态环境效应，本书以我国桉树种植大省（自治区、直辖市）——广西壮族自治区和海南省的典型桉树人工林为研究对象，主要开展以下两方面研究：①天然次生林转化为桉树人工林和桉树连栽实验（天然次生林为对照，2 代、3 代、4 代桉树人工林连栽），旨在明确桉树造林和连栽对土壤肥力及微生物群落的影响；②不同土壤有机碳水平桉树林的施氮实验，旨在明确施氮对桉树人工林土壤微生物群落结构和功能、温室气体排放和养分淋溶的影响，及其与林地土壤有机碳水平的交互作用。

2.1 研究区域概况

研究区域为广西壮族自治区和海南省的典型桉树人工林。主要研究区域有两个，广西壮族自治区崇左市扶绥县东门镇的广西国有东门林场和海南省的白沙黎族自治县细水乡龙村小流域和儋州市儋州林场。

2.1.1 广西国有东门林场

该研究区域位于广西壮族自治区崇左市扶绥县东门镇岭南村、那江村、板包村小流域，地理坐标位置为北纬 22° 14′ ~ 22° 40′，东经 107° 50′ ~ 107° 84′。该地区地势低平，以低丘、台地为主，有少量石灰岩石山出露。海拔 100 ~ 300 m，坡度 5° ~ 10°，少部分达 20° ~ 25°。

该地区属于北热带季风气候区，太阳辐射强烈，光热充足，雨热同季，夏湿冬干，年平均气温 21 ~ 22 ℃，最冷月平均气温 13 ~ 14 ℃，最热月平均气温 27 ~ 29 ℃，极端高温 38 ~ 41 ℃，极端低温 -4 ~ 2 ℃。受十万大山影响，雨量偏少，年降雨量 1100 ~ 1300 mm，主要集中在 6 ~ 8 月，占全年降雨量的 50% 以上；年蒸发量 1192 ~ 1704 mm，大于降雨量；相对湿度 74% ~ 83%；年日照时数 1634 ~ 1719 h，日照率 38%，太阳辐射总量 440 ~ 452 kJ · cm^{-2} · a^{-1}。

该区域土壤以砂页岩发育而成的赤红壤为主，有少量红壤和石灰土。土壤发育完整，土层深厚，质地为壤土或轻黏土，土壤 pH 为 4.5 ~ 6.0，土壤肥力较低，有机质含量 13 ~ 37 g · kg^{-1}，通常低于 20 g · kg^{-1}，土壤全氮、全磷和全钾含量分别约为 1.00 g · kg^{-1}、0.97 g · kg^{-1} 和 1.83 g · kg^{-1}，有效磷明显缺乏。

该区域原生地带性植被为季雨林。由于人类长期活动的影响,原生植被破坏严重,退化为以桃金娘 (*Rhodomyrtus tomentosa*)、余甘子 (*Phyllanthus emblica*)、三叉苦 (*Evodia lepta*)、白茅 (*Imperata cylindrica*) 等为主的灌草丛植被。随着人工林的发展,桉树 (*Eucalyptus* spp.)、马尾松 (*Pinus massoniana*) 和湿地松 (*Pinus elliottii*) 等已成为当地主要的森林植被,而甘蔗 (*Saccharum sinensis*) 是主要的农作物,常与人工林镶嵌分布。20 世纪 80 年代以来,随着"中国 – 澳大利亚政府技术合作计划东门桉树示范林项目"的引入,该地区开展大规模桉树造林活动,所造桉树林以尾巨桉 (*Eucalyptus grandis* × *E. urophylla*) 为主,主要出产木片。

桉树人工林种植前要炼山、翻耕整地 (耕作深度 50 cm 左右)、放基肥 [0.5 kg·株$^{-1}$,穴施 (20cm 深),氮、磷、钾的比例为 10∶15∶5];林木行距为 4 m,株距为 2 m;种植的前三年分别追肥 0.25 kg·株$^{-1}$、0.5 kg·株$^{-1}$、0.5 kg·株$^{-1}$ (穴施,氮、磷、钾的比例为 15∶10∶8);每年除草 (草甘膦) 一次,林下灌木杂草较少,以五节芒 (*Miscanthus floridulus*)、飞机草 (*Eupatorium odoratum*) 等为主;第五年或者第六年时进行采伐。第一代桉树人工林造林方式为植苗,第二代则为萌芽,第三代植苗,第四代萌芽,依次类推。

2.1.2 海南白沙和儋州林场

该研究区域位于海南省白沙黎族自治县细水乡龙村小流域和儋州市儋州林场。

白沙黎族自治县东临琼中县,西接昌江县,北抵儋州市,南临乐东县。面积约为 2118 km^2,境内 41.9% 为山地。白沙属于热带湿润季风性气候,年平均降水量约 1725 mm,并且 70%~80% 的降水集中在 5~10 月。年平均气温 22~23 ℃,最高温度 35~37 ℃,最低温度 5~6 ℃。土壤母质属于花岗岩风化物,土壤类型为砖红壤。地带性植被为热带季雨林。

儋州市位于海南岛西北部,地理坐标为北纬 19°11′~19°52′,东经 108°56′~109°46′。地势由东南向西北倾斜,由山地、丘陵、平原三部分构成。山地占 0.37%、丘陵占 76.5%、平原占 23.13%。气候为热带季风气候,太阳辐射强,降水适中,由于受季风气候的影响,降水量分布不均,干湿季分明。干季为 11 月~次年 5 月,占全年降水量的 16%;湿季为 6~10 月,占全年降水量的 84%。儋州林场是省办的国营农场,由海南省林业局直接管理,位于儋州市西北部,距离那大镇 41.5 km,距新州镇 2.5 km。儋州林场是海南省较大的国营农场之一,从 1960 年起,就开始大面积营造以桉树为主的用材林。

桉树是海南省的重要造林树种。20 世纪 80 年代以来得到大力发展,现以尾叶桉 (*E. urophylla*)、巨尾桉、刚果 12 号桉 (*E.12ABL*) 等优良树种为主,全省有 40 多个不同品种进行插播繁殖。截至 2007 年,全省种植桉树 16.67 万 hm^2,其中生态公益林 1.92 万 hm^2,商品林 14.75 万 hm^2。桉树已成为海南低丘、台地、平原最主要的人工林树种。

2.2 实验设计与研究方法

本节主要包含两大方面内容:①天然次生林转化为桉树人工林与桉树人工林连栽研究;②不同土壤有机碳水平桉树人工林施氮研究。

2.2.1 实验设计

根据研究内容，本节分别设计了桉树人工林与天然次生林对比实验、桉树不同连栽代次实验、桉树凋落物分解实验和不同土壤有机碳水平桉树林施氮实验，下面将分别加以介绍。

2.2.1.1 桉树人工林与天然次生林对比实验

采用成对实验设计方法，比较研究了桉树人工林取代天然次生林后，林地植物多样性、土壤有机质、养分、微生物群落结构和功能的变化。本节在广西壮族自治区扶绥县东门镇和海南省白沙黎族自治县细水乡分别开展，两地的结果相互验证。2010 年 10 月，课题组在广西壮族自治区扶绥县东门镇的岭南村、那江村和板包村，选取 8 对桉树林 – 天然次生林（以马尾松为建群种）样地，进行调查取样，主要调查林木胸径、树高、林地植物多样性等指标。同时取 0 ~ 10cm 土壤，一部分冷藏保存运回实验室，进行微生物、酶活性等相关分析，另一部分运回实验室后风干过筛，用于土壤理化性质分析。2011 年 10 月，课题组在海南省白沙黎族自治县细水乡龙村小流域，选取 10 对桉树人工林 – 天然次生林样地，进行植被调查和土壤取样工作。

桉树人工林与天然次生林对比实验重点探讨天然次生林转变为桉树人工林对土壤理化性质、微生物群落结构和功能的影响及机理。

2.2.1.2 桉树不同连栽代次实验

本节采用空间替代时间的方法，在充分考虑立地条件、干扰方式与程度、管理方式等因素基本相同的条件下，选取 2 代 (G2)、3 代 (G3) 和 4 代 (G4) 桉树人工林，并以本地次生林为对照，研究不同连栽代次桉树人工林植物多样性、土壤质量、微生物群落结构和功能的演变及机理。

本节在广西壮族自治区扶绥县东门镇东门林场和海南省儋州市儋州林场分别开展，两地结果相互验证。2010 年 10 月，课题组在广西壮族自治区扶绥县东门镇广西国有东门林场，选取距离较近、立地条件类似的 2 代、3 代和 4 代桉树人工林，同时以马尾松为建群种的天然次生林为对照，进行调查取样。主要调查内容为林木胸径、树高、林地植物多样性等指标。同时取 0 ~ 10cm 土壤，一部分冷藏保存运回实验室，进行微生物、酶活性等相关分析，另一部分运回实验室后风干过筛，用于土壤理化性质分析。2011 年 10 月，课题组在海南省儋州市儋州林场，选取距离较近、立地条件类似的 2 代、3 代和 4 代桉树人工林，并以附近的天然次生林为对照，进行植被调查和土壤取样工作。

桉树不同连栽代次实验重点探讨随桉树连栽代次增加，林地植物多样性、土壤质量及微生物群落结构和功能的演变及机理。

2.2.1.3 桉树凋落物分解实验

本节采用室内模拟的方法，研究了天然次生林和桉树人工林凋落物在不同肥力土壤中的分解情况。

本实验采用塑料花盆 (边长 8 cm、深度 10 cm) 进行凋落物分解模拟实验。土壤采集时间及方法同海南成对实验样品采集。供试土壤为海南成对实验中土壤肥力水平有差异的 3 个天然次生林的土壤，土壤的选择根据有机碳和全氮含量确定，土壤肥力水平分别为高、中、低。去除土壤中原有的植物碎屑、死根等其他杂质，过 2 mm 土壤筛混匀移至小盆中。每个小盆含有相当于 200 g 干土的鲜土，调整土壤含水量至 30%。

凋落物设置三个水平，分别为海南天然次生林和桉树人工林的凋落物，以及不加凋落的对照。凋落物为 2011 年 10 月在海南野外样地采样时收集的新近凋落叶。将凋落物弄碎成 0.5 cm × 0.5 cm 大小，混匀后称取各凋落叶 2 g (风干后叶重) 与土壤混匀。本实验采用随机区组设计，共设置 3 种土壤肥力水平 (以每种肥力水平的土壤为一个区组) × 3 种凋落物水平 (CK 为不添加凋落物对照，EP 为桉树人工林乔木凋落叶，NSF 为天然次生林乔木混含凋落物) × 3 次采样时间 (3 次采样时间分别为培养 10 d、20 d 和 30 d) =27 个小盆。供试土壤培养在可控温控湿的培养箱内，培养箱温度设置为 25 ℃，湿度设置为 90%，每个光照周期为 16 h 光照，8 h 黑暗。

桉树人工林凋落物单位重量的总碳和总氮含量分别为 529.67 mg·g^{-1} 和 6.94 mg·g^{-1}，天然次生林凋落物单位重量的总碳和总氮含量分别为 474.83 mg·g^{-1} 和 13.51 mg·g^{-1}，桉树人工林凋落物单位重量的总碳含量显著高于天然次生林的凋落物，总氮含量则显著低于天然次生林的凋落物。桉树人工林凋落物的碳氮比 (76.29) 显著高于天然次生林的凋落物 (35.16) (表 2-1)。

表 2-1 供试天然次生林与桉树人工林凋落物的性质

类型	总碳 /mg·g^{-1}	总氮 /mg·g^{-1}	碳氮比
天然次生林	474.83 ± 2.04	13.51 ± 0.09[**]	35.16 ± 0.10
桉树人工林	529.67 ± 0.64[**]	6.94 ± 0.05	76.29 ± 0.50[**]

** 表示 $P<0.01$。

2.2.1.4 不同土壤有机碳水平桉树林施氮实验

本节选取土壤有机碳水平存在显著差异的桉树人工林，分别设置对照 (CK)、低施氮处理 (LN)、中施氮处理 (MN) 即常规施氮 (NN)、高施氮处理 (HN) 水平的施肥实验，研究不同土壤有机碳水平桉树人工林温室气体排放和土壤养分淋溶对施氮的响应，探讨土壤有机碳水平和施氮之间的交互作用。

本节在广西壮族自治区扶绥县东门镇广西国有东门林场开展。首先是样地选择工作。为寻找土壤有机碳差异显著的桉树林样地，2012 年 12 月，课题组选取广西国有东门林场的 20 个地上植被状况类似、林龄为 1 年左右的桉树人工林进行土壤取样测定，根据分析结果，选定土壤有机碳存在显著差异的两个桉树人工林作为本节的研究样地。土壤有机碳水平较高的桉树人工林样地 (HSOC site) 位于广西国有东门林场雷卡分场 4 林班，土壤有机碳水平较低的桉树林样地 (LSOC site) 位于华侨分场 29 林班，具体地理位置见图 2-1。

本节选取的桉树林样地的造林时间为 2012 年 5 ~ 7 月，除追肥外，管理措施与林场一致。样地乔木层盖度为 20% ~ 40%，灌木和草本层盖度为 5% ~ 15%。样地土壤基本理化性质见表 2-2。

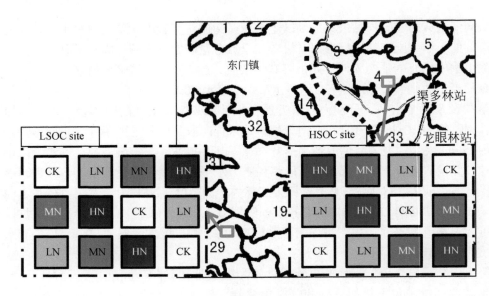

图 2-1　研究样地及布置图

注：LSOC site 和 HSOC site 分别表示低土壤有机碳水平桉树林样地和高土壤有机碳水平桉树林样地；CK、LN、MN 和 HN 分别
表示对照、低施氮处理、中施氮处理和高施氮处理。

表 2-2　桉树林 0 ~ 10 cm 土壤化学特征

样地	pH	SOC/g·kg⁻¹	TN/g·kg⁻¹	C/N
LSOC site	3.99 ± 0.02	19.9 ± 0.6 b	1.3 ± 0.1 b	15.2 ± 0.8 b
HSOC site	3.91 ± 0.04	24.6 ± 1.6 a	1.5 ± 0.2 a	16.3 ± 0.9 a

注：LSOC 和 HSOC 分别表示低土壤有机碳水平桉树林样地和高土壤有机碳水平桉树林样地；SOC、TN 和 C/N 分别表示土
壤有机碳、全氮、碳氮比；同列不同小写字母表示处理间差异显著 ($P<0.05$)。

其次是施氮处理工作。样地选定后，于 2013 年 5 月进行施氮处理。在每个样地分别设
置 12 个 10 m×10 m 小区，小区间设 5 m 缓冲行。在 12 个小区中随机设置 3 个施氮量处理
和 1 个不施氮对照，即对照 (CK：0 kg N·hm⁻²)、低施氮处理 (LN：84 kg N·hm⁻²)、中施
氮处理 (MN：167 kg N·hm⁻²) 和高施氮处理 (HN：334 kg N·hm⁻²)，每个处理三个重复样
方 (图 2-1)。施氮时间为 2013 年 5 月 19 日，所施氮肥为脲甲醛缓释氮肥 (含氮量 38.5%，
上海大洋生态有机肥有限公司)，与林场使用的复合肥缓释特征一致。中施氮处理参照广西
国有东门林场实际生产施用复合肥中的氮含量。施肥方式为穴施，与林场所采用的施肥方式
一致，即在桉树滴水线处挖 10 cm 深坑穴，放入肥料后，覆土。

在 2013 年 5 月 ~ 2014 年 4 月施氮实验期间，桉树人工林林木生长情况见表 2-3，林木
胸径和树高增长量如图 2-2 和图 2-3 所示。2013 年 5 月 ~ 2014 年 4 月，桉树人工林林木胸
径增长量为 3.3 ~ 4.2 cm，树高增长量为 4.1 ~ 5.1 m。方差分析表明，在低土壤有机碳 (LSOC)
和高土壤有机碳 (HSOC) 样地的不同施氮处理下，桉树的胸径和树高增长量并未表现出明显
差异。但在 LSOC 和 HSOC 样地，桉树的胸径和树高增长量随施氮量增加表现出不同的变
化趋势。在 LSOC 样地，桉树的胸径和树高增长量随施氮量增加表现出先升高后降低的趋势，
在低施氮量处理下 (LN) 最高；而在 HSOC 样地，桉树的胸径和树高增长量随施氮增加表现

出升高的趋势,在高施氮量处理下 (HN) 最高。虽然在 HSOC 样地,桉树胸径和树高增长量表现出随施氮量增加而升高的趋势,但施氮对胸径和树高增长的促进效应却随施氮量增加而减弱。

表 2-3　不同土壤有机碳水平桉树人工林施氮处理下的林木胸径和树高

样地	施氮处理	2013 年 5 月		2014 年 4 月	
		胸径 / cm	树高 / m	胸径 / cm	树高 / m
LSOC	CK	6.47 ± 0.51	7.15 ± 0.51	10.26 ± 0.61	11.24 ± 0.74
	LN	6.43 ± 0.96	6.95 ± 0.75	10.46 ± 0.38	11.58 ± 0.89
	MN	6.68 ± 0.11	7.53 ± 0.39	10.52 ± 0.26	11.82 ± 0.88
	HN	6.48 ± 0.13	7.10 ± 0.27	9.87 ± 0.63	11.28 ± 1.10
HSOC	CK	5.19 ± 0.41	5.82 ± 0.37	8.49 ± 0.71	10.02 ± 0.63
	LN	5.07 ± 0.51	5.51 ± 0.32	8.88 ± 0.48	10.39 ± 0.74
	MN	5.14 ± 0.45	5.64 ± 0.50	9.19 ± 0.37	10.74 ± 0.46
	HN	4.82 ± 0.16	5.55 ± 0.18	9.01 ± 0.66	10.58 ± 0.42

注:LSOC 和 HSOC 分别表示低土壤有机碳水平桉树林样地和高土壤有机碳水平桉树林样地;CK、LN、MN 和 HN 分别表示对照、低施氮处理、中施氮处理和高施氮处理。

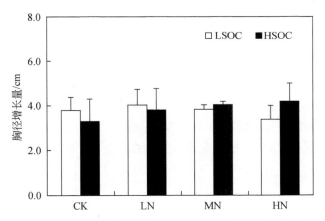

图 2-2　不同土壤有机碳水平和施氮处理桉树胸径增长量 (2013 年 5 月 ~ 2014 年 4 月)

注:LSOC 和 HSOC 分别表示低土壤有机碳水平桉树林样地和高土壤有机碳水平桉树林样地;CK、LN、MN 和 HN 分别表示对照、低施氮处理、中施氮处理和高施氮处理。

　　实验开始后,监测林地的温度和降雨量。土壤样品于施肥后 3 个月采集,取 0 ~ 10cm 土壤,一部分冷藏保存运回实验室,进行微生物、酶活性等相关分析,另一部分运回实验室后风干过筛,用于土壤理化性质分析。温室气体排放采用静态箱 – 气相色谱法测定,取样时间为 2013 年 5 月 ~ 2015 年 1 月,平均每月取样 1 次,取样时间为上午 9 : 00 ~ 11 : 30。土壤养分淋溶采用土壤溶液收集测定和 BROOK 90 模型模拟相结合的方法计算,取样时间为 2013 年 4 ~ 11 月降雨较多的生长季 (在 2013 年 11 月 ~ 2014 年 3 月降雨较少的非生长季没有收集到淋溶液)。具体采样和测试参照 2.2.2 节研究方法部分。

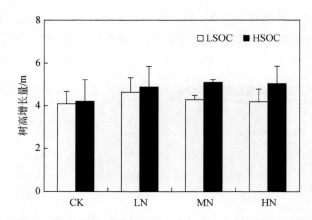

图 2-3 不同土壤有机碳水平和施氮处理桉树树高增长量 (2013 年 5 月 ~ 2014 年 4 月)

注：LSOC 和 HSOC 分别表示低土壤有机碳水平桉树林样地和高土壤有机碳水平桉树林样地；CK、LN、MN 和 HN 分别表示
对照、低施氮处理、中施氮处理和高施氮处理。

2.2.2　研究方法

本书主要采用的研究方法包括植物群落调查、土壤取样及理化性质分析、土壤微生物群落结构和功能分析、气象和土壤环境因子监测、土壤温室气体通量监测、土壤养分淋溶监测等生态学方法。

2.2.2.1　植物群落调查

在桉树人工林和天然次生林对比实验和桉树不同连栽代次实验中，每个样地选取面积为 20 m×20 m 的乔木样方 3 个，调查样方乔木层盖度及样方内所有乔木物种的株高、胸径和株数。每个乔木样方中，选取面积为 5m×5 m 的灌木样方 2 个，选取 1m×1 m 的草本样方 3 个，分别进行灌木层和草本层植物调查，记录物种组成、个体数量、高度、盖度等指标。

2.2.2.2　土壤取样及理化性质分析

在桉树人工林和天然次生林对比实验和桉树不同连栽代次实验中，每个样地选取 3 个 20 m×20 m 的样方，每个样方随机取 10 个土样 (深度 0 ~ 10 cm，采样点距离优势树种的主干 0.5 m 左右)，混为一个土壤样品，每个样地 3 个土壤样品。采集的土壤样品放入 4 ℃ 的保温箱中保存，3 d 内运回实验室。

采回的土壤样品过 2 mm 孔径的土壤筛，进行匀质化并去除较大的石块、土壤动物及植物残体。过筛后的土壤一部分于 -80 ℃ 的超低温冰箱中保存用于土壤基因组 DNA 的提取；一部分放在 4 ℃ 的冰箱中保存用于土壤微生物生物量、碳源代谢功能及酶活性等的测定；一部分冷冻干燥后，磨碎并过 100 目土壤筛，保存于 -20 ℃ 的冰箱中用于土壤微生物 PLFA[①] 的提取；其余的土样风干后，用于土壤理化性质分析。

---

① PLFA，即 phospholipid fatty acid，磷脂脂肪酸。

土壤理化特征的分析使用常规方法。土壤含水量的测定采用烘干法，105 ℃烘干至恒重。土壤 pH 测定采用的土水比为 1 ∶ 5，参照《土壤农化分析》。土壤全碳和全氮含量的测定利用元素分析仪 (Vario EL III，Elementar，Germany)。土壤有机碳的测定采用重铬酸钾氧化外加热法，土壤碱解氮的测定采用碱解扩散法，参照《土壤农化分析》。土壤铵态氮、硝态氮的测定方法为，称取鲜土 10 g 于 150 ml 三角瓶中，加入 2 mol·L^{-1} 的氯化钾溶液 50 ml，振荡 30 min，过滤，滤液用连续流动分析仪 (SAN++, Skalar Analytical B.V, Dutch) 测定。土壤全磷的测定采用氢氟酸–高氯酸消煮–钼锑抗比色法，参照《陆地生态系统土壤观测规范》。土壤有效磷的测定采用双酸浸提–钼锑抗比色法，参照《土壤农化分析》。土壤全钾的测定采用氢氟酸—高氯酸消煮–全谱直读等离子体发射光谱仪 (Prodigy, Teledyne Technologies Incorporated, USA) 测定，参照《陆地生态系统土壤观测规范》。土壤速效钾的测定采用乙酸铵溶液浸提–全谱直读等离子体发射光谱仪测定，参照《土壤农化分析》。

土壤 3 级碳库的测定采用硫酸水解法 (Rovira and Vallejo，2002)，具体方法如下：称取 0.5 g 风干土至 40 ml 玻璃离心管，加入 5N[①]的 H$_2$SO$_4$ 溶液 20 ml，105 ℃加热 30 min，偶尔晃动；2500 r·min^{-1} 转速离心 5 min，转移上清液至 50 ml 样品瓶；用 20 ml 超纯水分两次清洗剩余硫酸，离心，与第一次上清液合并，此为易分解碳库Ⅰ，主要包含低分子糖类、氨基酸、淀粉、蛋白质和部分半纤维素等易分解有机物。之后，往浸提过的土壤中加 26N 的 H$_2$SO$_4$ 溶液 2 ml，连续振荡过夜；用超纯水稀释至 2N(加 24 ml 超纯水)，105 ℃加热 3 h，偶尔晃动；2500 r·min^{-1} 转速离心 5 min，转移上清液至新的 50 ml 样品瓶；用 20 ml 超纯水分两次清洗剩余硫酸，离心，与上清液合并，此为易分解碳库Ⅱ，主要包含纤维素和半纤维素等中等易分解有机物。难分解碳库用土壤有机碳减去易分解碳库Ⅰ和易分解碳库Ⅱ得到，主要包括木质素、蜡质等难分解有机物。土壤总有机碳、易分解碳库Ⅰ和易分解碳库Ⅱ的测定均采用重铬酸钾氧化外加热法。

2.2.2.3 土壤微生物群落结构和功能分析

(1) 土壤微生物生物量测定

土壤微生物生物量碳、氮的测定采用氯仿熏蒸–K$_2$SO$_4$ 浸提法，参照《土壤微生物生物量测定方法及其应用》。称取两份相当于 20 g 干土的鲜土至三角瓶中，取一份加入 0.5 mol·L^{-1} 的 K$_2$SO$_4$ 溶液 80 ml，置于摇床上振 30 min，用双层中速定量滤纸过滤硫酸钾浸提液至样品瓶中。另一份置于真空干燥器中氯仿熏蒸 24 h，其间保持黑暗，干燥器内置薄水层，并放置 1 mol·L^{-1} 的 NaOH 溶液一小杯 (约 50ml)，氯仿熏蒸 24 h 后的土壤采用同样的方法进行浸提。吸取 2.5 ml 浸提液至刻度试管中，用去离子水稀释 10 倍，上仪器进行检测。测定微生物生物量碳所用仪器为元素分析仪 (Liqui TOC Ⅱ)，是由德国元素分析系统公司生产的，微生物生物量氮的测定采用碱性过硫酸钾消解–紫外分光光度法。

(2) 土壤微生物群落的磷脂脂肪酸组成分析

土壤微生物磷脂脂肪酸的测定方法参照 Buyer 等 (2010) 的方法，并加以改进。所用实验用品和器皿均为玻璃或特氟龙 (Teflon)，不使用清洗剂清洗容器，样品冷冻保存，避光、

———

① N 表示当量浓度。

水和氧气，提取过程避光，远离热源。具体操作步骤如下。

提取：称取过 100 目筛的冻干土 4 g 置于 40 ml 玻璃离心管，加入 3.2 ml 磷酸缓冲液、8 ml 甲醇、4 ml 氯仿；室温超声浸提 10 min 后，避光水平振荡 1 h，2500 r·min^{-1} 转速离心 10 min，收集上清液至 100 ml 分液漏斗；依次加入 3.2 ml 磷酸缓冲液 (pH 7.4)、4 ml 氯仿，混匀，避光过夜分层；收集下层氯仿相至 40 ml 离心管，N$_2$ 吹干。

分离：过硅胶柱 (500 mg silica gel column，Part No.5982-2265，Agilent Technologies，Wilmington，DE，USA)：样品过柱前先加入 5ml 氯仿润湿硅胶柱；用 10 ml 氯仿分 2 次洗涤转移 N$_2$ 吹干的样品至硅胶柱内；氯仿滴干后加入 10 ml 丙酮过硅胶柱；待丙酮完全滴干后，加入 5 ml 甲醇（色谱纯）过硅胶柱，收集甲醇相至 10 ml 的 Teflon 离心管，N$_2$ 吹干。

甲酯化：用 1 ml 甲醇 – 甲苯 (1 : 1，v/v[①]) 溶液溶解吹干的脂类物质；加入 0.2 mol·L^{-1} 的 KOH 溶液（现用现配，甲醇做溶剂）1 ml，混匀，35 ℃温育 15 min；待样品冷却至室温后，依次加入氯仿 – 正己烷 (1 : 4,v/v)2 ml、1 mol·L^{-1} 的乙酸 1 ml、超纯水 2 ml，混匀；2000 r·min^{-1} 转速离心 5 min，收集上层正己烷相至干净的 10 ml 样品瓶；加入 2 ml 氯仿 – 正己烷 (1 : 4,v/v) 重复提取一次，合并两次提取的正己烷相，N$_2$ 吹干，–20℃保存。

过柱 (NH$_2$ SPE column，Part No. 8B-S009-EAK，Phenomenex，Torrance，CA)：过柱前先加入氯仿 1 ml 润湿柱子；用 1 ml 氯仿分 2 次洗涤转移吹干的样品至柱内；收集氯仿相至 2 ml 棕色样品瓶，N$_2$ 吹干；加入 1 ml 含有 10^{-5} 内标物（十九烷酸甲酯）的正己烷（农残级）溶液。

GC-MS 条件：HP6890/MSD5793(Agilent Technologies，Bracknell，UK)，HP-5 毛细管柱 (30 m × 0.25 mm × 0.25 μm)，不分流进样。进样口温度 230 ℃；检测器温度 270 ℃。升温程序为 50 ℃持续 1 min，以 15 ℃·min^{-1} 增加至 150 ℃，保持 2 min，再以 3 ℃·min^{-1} 增加至 250 ℃，保持 15 min。He 作载气，流量为 1 ml·min^{-1}。

PLFA 的命名采用以下原则。以总碳数：双键数和双键距离分子甲基末端位置命名，c 表示顺式（双键两侧氢键在同侧），t 表示反式（双键两侧氢键在异侧），a(甲基在甲基末端第 3 位碳原子上) 和 i(甲基在甲基末端第 2 位碳原子上) 分别表示支链的反异构和异构，10Me 表示一个甲基团在距分子羧基端第 10 位碳原子上，环丙烷脂肪酸用 cy 表示。

脂肪酸定量用峰面积和内标 (19：0) 法。PLFA 含量单位为 nmol·g^{-1}。本节共有 24 种磷脂脂肪酸被检出。这些脂肪酸主要由饱和脂肪酸、不饱和脂肪酸、带甲基支链的脂肪酸和带环丙烷的脂肪酸组成。主要微生物类群的生物量通过以下磷脂脂肪酸的总量来估算：细菌 (15：0、17：0、20：0；革兰氏阳性菌：i15：0、a15：0、i16：0、i17：0、a17：0、i18：0；革兰氏阴性菌：16：1ω9t、16：1ω7c、cy17：0、18：1ω9t、18：1ω7c、cy19：0)；用 16：1ω5c(丛枝菌根真菌)、18：2ω6,9c、18：1ω9c 的和来估算真菌的生物量；用 10Me17：0、10Me18：0 与 10Me19：0 的和来估算放线菌的生物量，14：0、16：0、18：0 为通用脂肪酸 (Frostegård and Bååth，1996; Zelles，1997, 1999; Olsson，1999)。

(3) 功能基因芯片分析

土壤基因组 DNA 提取方法参考 Perčoh 等 (2008)，具体方法如下。称取土壤样品

---

① v/v，表示体积比。

0.5 g 置于 2 ml 螺口离心管，加入 1 mol·L⁻¹ 的 Tris-HCl(pH 5.5) 溶液 100 μl、V_1 μl 灭菌 ddH₂O(V_1=900 μl−V_2)、V_2 μl 0.2 mol·L⁻¹ 的 Al₂(SO₄)₃ [V_2 取决于土壤样品中腐殖质的含量，快速估算 V_2 的步骤：称取 0.5 g 土壤样品、0.8 g 直径为 0.5 mm 玻璃珠至 2 ml 螺口离心管，加 100 μl 1 mol·L⁻¹ Tris-HCl (pH 5.5)，分别加 540 μl、510 μl、480 μl、450 μl、420 μl、390 μl、360 μl 灭菌 ddH₂O，分别加入 360 μl、390 μl、420 μl、450 μl、480 μl、510 μl、540 μl 0.2 mol·L⁻¹ Al₂(SO₄)₃；Fast Prep 5.5 m·s⁻¹，1 min；用 4 mol·L⁻¹ NaOH 调整 pH ≥ 8；Fast Prep 5.5 m·s⁻¹，15 s；室温，11000g 离心 1 min；上清液最清亮的即为最合适 V_2]；Fast Prep 4.0 m·s⁻¹，15 s，加入 4 mol·L⁻¹ 的 NaOH 溶液 1/3 V_2 μl，加 0.1 mol·L⁻¹ 的 Tris-HCl 溶液 V_3 μl(pH 8，V_3=1300 μl − 4/3V_2 − V_1)；Fast Prep 4.0 m·s⁻¹，15 s，逐步加 4 mol 的 NaOH 溶液 10 μl，Fast Prep 4.0 m·s⁻¹，10 s，直到调整 pH ≥ 8；室温，3500 g 离心 2 min；弃上清液，加 300 μl 提取缓冲液，加 0.5 mm 直径玻璃珠 0.5 g，0.1 mm 直径玻璃珠 0.3 g，4 mm 玻璃珠 1 个，加 325 μl 提取缓冲液 (0.4 mol·L⁻¹ LiCl，100 mmol·L⁻¹ Tris-HCl，120 mmol·L⁻¹ EDTA，pH 8)，加 10% SDS (pH 8) 溶液 325 μl；Fast Prep 4.0 m·s⁻¹，30 s，冰浴 1 min 避免过热，Fast Prep 5.5 m·s⁻¹，30 s，冰浴 5 min；Fast Prep 5.5 m·s⁻¹，30 s，4 ℃，12000 r·min⁻¹ 转速离心 2 min，转移上清液至 2 ml 离心管，上清液再重复离心一次；往上清液加 1× 体积酚：氯仿：异戊醇 (体积比为 25 ：24 ：1)，冰浴 5 min，每分钟振荡混匀一次，4 ℃，16000 g 离心 15 min，转移上清液至新的 2 ml 离心管；往上清液加 1× 体积氯仿：异戊醇 (体积比为 24 ：1)，4 ℃，16000 g 离心 15 min，上清液再重复用 1× 体积氯仿：异戊醇抽提一次；转移上清液至新的 1.5 ml 进口离心管，加入 0.1× 体积 5mol·L⁻¹ 的 NaCl 和 0.7× 体积的异丙醇室温过夜沉淀，室温，18000 g 离心 60 min，弃上清液，沉淀下来的 DNA 颗粒用 70 % 预冷的乙醇清洗两次，弃乙醇，待剩余乙醇挥发干净后，用灭菌后的 ddH₂O 溶解 DNA 颗粒。

提取的土壤基因组 DNA 直接进行荧光标记，并溶于杂交液中 (Wu et al.，2006)。标记的 DNA 和 GeoChip4 在 HS4800 hybridation station(Tecan, US, Durham, NC, USA) 于黑暗中在 42 ℃杂交 10 h。GeoChip4 在 Scanarray 5000 (Perkin-Elmer, Wellesley, MA, USA) 系统中以 95% 的激光能和 85% 的光电管增益进行扫描。

对自动检测为阳性的探针进行分析 (Liang et al.，2011)。数据分析前处理：去除信噪比[①]小于 2(SNR<2) 和信号强度小于 1000 的值；用均值标准化 (Wu et al.，2006)，以使数据在样品间具有可比性；去除大于两倍标准误的异常值 (Wu et al.，2006)；去除重复中只出现一次的探针 (He et al.，2010)。

(4) 碳源代谢功能分析

微生物群落碳源代谢功能采用 BIOLOG 微生物自动分析系统进行测定 (Winding，1994)。BIOLOG 实验在取样后一周内进行。首先，称取相当于 10 g 干重的鲜土，外加 90 ml 无菌的 0.85% NaCl(质量比) 溶液，在摇床上振荡 30 min；其次，将土壤样品稀释至 10⁻³，用移液器从中取 150 μl 悬浮液接种至生态板 (BIOLOG—eco plate) 的每一个孔中；最后，

---

①信噪比，signal noise ratio，SNR。

将接种好的板放置于 25 ℃恒温培养箱，培养 10 d，每 12 h 于波长为 595nm 处的 BIOLOG 仪 (Gen III Microstation, BIOLOG Inc., CA, USA) 上读一次数。

孔的平均颜色变化率 (average well colour development，AWCD) 计算方法如下 (Garland and Mills，1991)：

$$AWCD= \sum (C - R)/n$$

式中，C 表示每个有培养基孔的光密度值；R 表示对照孔 (A1) 的光密度值；n 表示培养基碳源种类；eco 板 n 值为 31。

采用曲线整合方法 (Hackett and Griffiths，1997) 估计碳源代谢活性。

梯形面积为

$$S= \sum [(v_i+v_{i-1})/2 \times (t_i+t_{i-1})]$$

式中，v_i 为 i 时刻的 AWCD 值。

本节用培养 72 h 后的数据来表征 BIOLOG 板中的微生物代谢功能多样性特征，包括利用碳源的丰富度 (richness)、香农－维纳多样性指数。

香农－维纳多样性指数的计算公式为

$$H'=- \sum P_i \ln P_i$$

式中，$P_i=n_i/N$；n_i 表示第 i 种培养基的光密度值；N 表示样品中所有培养基光密度值的总和；利用碳源的丰富度以 $(C - R)>0.25$ 的数据为准。

(5) 土壤酶活性测定

测定了与碳转化相关的 β-1,4- 葡糖苷酶 (β-1,4-glucosidase，BG)、纤维二糖水解酶 (cellobiohydrolase)、β- 木糖苷酶 (β-xylosidase)、酚氧化酶 (phenoloxidases，POX)、过氧化物酶 (peroxidases，PER)，与氮转化相关的蛋白酶 (protease，PRO)、脲酶 (urease，URE)，以及与磷转化相关的酸性磷酸酶 (acid phosphatase，APS)。

广西土壤样品 β-1,4- 葡糖苷酶的测定参照 Waldrop 等 (2000) 的方法。称取 5 g 鲜土，加入到 50 ml 的 50 mmol·L^{-1} 的乙酸缓冲液 (pH 5.0) 中，振荡 5 min。吸取 50 μl 的悬浊液加入到 96 孔酶标板中，再添加 50 mmol·L^{-1} 的 pNP(p-nitrophenol)β-1,4- 葡糖苷酶溶液 150 μl，同时用乙酸缓冲液替代 pNPβ-1,4- 葡糖苷酶溶液做对照，27℃培养 2 h。培养结束后，吸取 50 μl 上清液至新的酶标板中，410 nm 处比色测定，所用仪器为连续光谱酶标仪 (SPECTRAmax190,Molecular Devices, CA, USA)。

广西土壤样品酚氧化酶和过氧化物酶的测定步骤如下：称取 5 g 鲜土，加入到 50 ml 的 50 mmol·L^{-1} 的乙酸缓冲液 (pH 5.0) 中，振荡 5 min。吸取 50 μl 的悬浊液加入到 96 孔酶标板中，再添加 10 mmol·L^{-1} 左旋多巴 (DOPA) 溶液 150 μl，同时用乙酸缓冲液替代 DOPA 溶液做对照，27 ℃培养 2 h。培养结束后，吸取 50 μl 上清液至新的酶标板中，469 nm 处比色测定，所用仪器为连续光谱酶标仪 SPECTRAmax190。

过氧化物酶测定同酚氧化酶，不同的是酶反应底物为 10 mmol·L^{-1} 左旋多巴 + 0.3% 过氧化氢溶液，对照加入的是 10 mmol·L^{-1} 左旋多巴溶液。

蛋白酶参照 *Methods of soil analysis. Part 2. Microbiological and biochemical properties* 方法，略作改动。称取 1 g 鲜土至离心管，加入 THAM 缓冲液 5 ml 和酪蛋白酸钠溶液 5 ml；盖上盖子，于 50℃振荡恒温水浴锅中培养 2 h；培养结束后加入 5 ml 三氯乙酸，2500 r·min^{-1} 转速离心 10 min；吸取 5 ml 上清液至试管，加入 7.5 ml 碱性试剂，室温下培养 15 min；加入 5 ml 福林试剂，过滤；1 h 后于 700 nm 处比色测定。同时设置对照，即酪蛋白酸钠溶液在培养结束后添加，而初始时不加。

脲酶参照 Waldrop 等 (2000) 的方法，略作改动。称取 5 g 鲜土至 50 ml 比色管，加入 1 ml 甲苯处理 15 min；加入 10% 尿素溶液 5 ml 和柠檬酸盐缓冲液 10 ml，混合；38 ℃培养 3 h；用蒸馏水稀释至 50 ml，过滤，滤液备用。取 1 ml 滤液于 50 ml 比色管中，蒸馏水稀释至 10 ml，加入 4 ml 苯酚钠溶液，并立即加入 3 ml 次氯酸钠溶液；混合 20 min 后，用蒸馏水补至 50 ml，578 nm 处比色测定，所用仪器为连续光谱酶标仪 SPECTRAmax190。与此同时，每个土壤设置用水代替基质的对照，对整个实验设置无土壤的对照。

酸性磷酸酶参照 Waldrop 等 (2000) 的方法，略作改动。称取 5 g 鲜土，加入 50 ml 的 50 mmol·L^{-1} 的乙酸缓冲液 (pH 5.0) 中，振荡 5 min。吸取 50 μl 的悬浊液加入 96 孔酶标板中，再添加 50 mmol·L^{-1} *p*NP-磷酸盐溶液 150 μl，同时用乙酸缓冲液替代 *p*NP-磷酸盐溶液做对照，27℃培养 2 h。培养结束后，吸取 50 μl 上清液至新的酶标板中，410 nm 处比色测定，所用仪器为连续光谱酶标仪 SPECTRAmax190。

β-1,4- 葡糖苷酶、纤维二糖水解酶、*β*- 木糖苷酶的荧光法测定海南土壤样品 *β*-1,4- 葡糖苷酶、酚氧化酶和过氧化酶的测定采用荧光法，具体步骤如下：用 50 mmol·L^{-1}，pH 5.0 的乙酸缓冲液分别配制 200 μmol·L^{-1} 的 4-MUB-*β*-D-glucoside、4-MUB-*β*-D-cellobioside 和 4-MUB-*β*-D-xyloside 的底物溶液。取 1 g 鲜土，加入 50 mmol·L^{-1}，pH 5.0 的乙酸缓冲液 125 ml，振荡 1 min，作为土壤悬浊液。用移液器在酶标板的每个样品孔内 (sample wells) 加入 50 μl 底物溶液和 200 μl 的土壤悬浊液。空白孔 (blank wells) 加入 50 μl 的乙酸缓冲液和 200 μl 的样品悬浊液。负控制孔 (negative control wells) 加入 50 μl 的底物溶液和 200 μl 的乙酸缓冲液。淬火标准孔 (quench standard wells) 加入 50 μl 的标准溶液和 200 μl 的样品悬浊液。参照标准孔 (reference standard wells) 加入 50 μl 标准溶液和 200 μl 的乙酸缓冲液。每个样品有 16 个孔作为重复，每个空白孔、负控制孔和淬火孔都有 8 个孔作为重复。25℃避光培养 4 h。培养完毕后，每个孔加入 1 mol·L^{-1} NaOH 溶液 10 μl 终止反应。在酶标仪上，以 365 nm 作为激发光，450 nm 作为发射光测定。在经过控制和淬火矫正后，酶活性以 nmol·h^{-1}·g^{-1} 作为单位进行表示。

酚氧化酶和过氧化物酶方法参照 Sinsabaugh 等 (2003)，有改动，具体步骤如下：用 50 mmol·L^{-1} pH 5.0 的乙酸缓冲液配制 25 mmol·L^{-1} 的左旋多巴 (DOPA) 溶液。取 1 g 鲜土，加入 50 mmol·L^{-1}，pH 5.0 的乙酸缓冲液 125 ml，振荡 1 min，作为土壤悬浊液。测定酚氧化酶时，每个样品孔加入 50 μl 的 DOPA 溶液和 200 μl 的土壤悬浊液；负控制孔加入 50 μl 的 DOPA 溶液和 200 μl 的乙酸缓冲液；空白孔加入 50 μl 的乙酸缓冲液和 200 μl 的样品悬浊液。测定过氧化物酶时，每个样品孔加入 50 μl 的 DOPA 溶液 +10 μl 的 0.3% 过氧化氢和 200 μl 的土壤悬浊液；负控制孔加入 50 μl 的 DOPA 溶液 +10 μl 的 0.3% 过氧化氢和 200 μl 的乙酸缓冲液；空白孔加入 50 μl 的乙酸缓冲液和 200 μl 的样品悬浊液。每个样品有 16

个孔作为重复，每个空白孔和控制孔都有8个孔作为重复。25 ℃避光培养24 h。培养完毕后，在酶标仪上450nm处比色测定。酶活性以 nmol·h^{-1}·g^{-1} 作为单位进行表示。

2.2.2.4 气象和土壤环境因子监测

桉树林样地的温度、湿度和降雨量采用 L99-YLWS 型温度湿度雨量记录仪 (上海发泰精密仪器仪表有限公司，上海) 进行自动监测，每 10 min 采集一次数据，2013 年 5 月 ~ 2015 年 4 月的月均气温和降雨情况如图 2-4 所示。

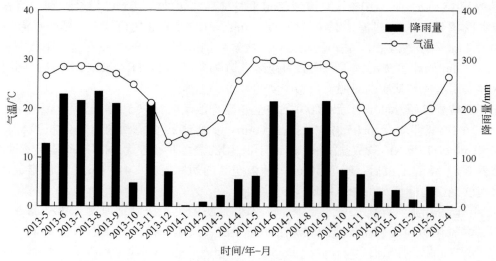

图 2-4　广西国有东门林场月均温度和降雨图 (2013 年 5 月 ~ 2015 年 4 月)

土壤剖面含水量的测定采用 PR2 土壤剖面水分速测仪 (Profile Probe 2)(Delta-T Devices LTD, Cambridge, UK)，每月测定 1 ~ 2 次，用于模拟土壤水分淋溶时矫正模型参数。土壤 10 cm 深处温度、含水量的测定采用 TPJ-21 型土壤温度水分记录仪 (浙江托普仪器有限公司，杭州)，在温室气体采样的同时进行测定，用于分析土壤环境对温室气体通量的影响。

2.2.2.5 土壤温室气体通量监测

为反映样地水平上土壤温室气体排放对施氮的响应，本节在每个样方中，选取呈对角线排列的 3 棵树，每棵树设置 4 个采样点，包括一个施肥点和三个不施肥点，如图 2-5 所示。树木水平的温室气体排放通量用上述 4 个采样点的数据平均值表示，而样地水平的温室气体排放通量用 3 个树木水平上温室气体通量的平均值表示。

桉树林土壤温室气体通量测定采用静态箱 – 气相色谱法。采样箱由底座和箱体两部分组成。底座为不锈钢材料，长、宽、高分别为 40 cm、40 cm、10 cm，底座插入土壤 10 cm，上部为宽 5 cm、深 5 cm 的凹槽，用于将箱体与底座间水封密闭，底座长埋于土壤中，避免土壤扰动。箱体为亚克力材料的透明箱体，长、宽、高分别为 40 cm、40 cm、40 cm，箱体内侧面中部安装一个中央处理器 (central processing unit, CPU) 风扇，用于混匀气体，箱体顶部中央设置采样口，用三通阀控制采样口的通气和关闭。气体的采集用 QC-1S 型气体采样仪（北京市劳保所科技发展有限责任公司，北京）和 500 ml 气体采样袋（大连海德科技有限公司，大连）。箱体、气体采样仪和采样袋之间的连接采用内径 5 mm 的硅胶管，如图 2-6 所示。

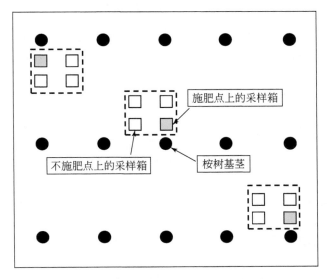

图 2-5　桉树林土壤温室气体采样点分布情况

图 2-6　桉树林土壤温室气体采样

　　每个桉树林样方呈对角线安置 3 个 40 cm×40 cm 的不锈钢底座于施肥点。土壤温室气体通量的采样时间为 2013 年 5 月～2015 年 1 月。桉树林样地施肥时间为 2013 年 5 月 19～20 日和 2014 年 5 月 29～30 日，温室气体在施肥前 1 周采样 1 次，作为施肥前的参照值，其后平均每月采样 1 次，2014 年 5 月施肥后的 2 个月每月采集 2 次。温室气体采样时间为上午 9：00～11：30。采样前将底座内凋落物清理干净，向底座凹槽内注入适量的水液封。每个样点的采样时间为 30 min，每隔 10 min 采集一次气体，每次采集 300 ml，因此，每个样点 4 袋气体。样品采集后尽快送回实验室（中国农业科学院农业环境与可持续发展研究所，

北京)，用安捷伦 7890A 型气相色谱仪 (7890A GC System, USA) 测定 CO_2、N_2O 和 CH_4 气体浓度。

土壤温室气体通量根据单位时间采样箱内温室气体浓度的变化计算，采用如下公式：

$$F = \rho \times V/A \times \Delta c/\Delta t \times 273/(273+T)$$

式中，F 表示气体通量 ($mg \cdot m^{-2} \cdot h^{-1}$)；$\rho$ 表示标准状态下的气体密度 ($mg \cdot m^{-3}$)；V 表示静态箱的体积，此处为 $0.064\ m^3$；A 表示静态箱横断面面积，此处为 $0.16\ m^2$；$\Delta c/\Delta t$ 表示 Δt 时间内静态箱内气体浓度变化速率 ($m^3 \cdot m^{-3} \cdot h^{-1}$)，其值即气体密度对采样时间进行线性回归的回归系数；T 表示空气温度 (℃)。

2.2.2.6　土壤养分淋溶监测

本节采用土壤溶液收集测定和 BROOK90 模型模拟相结合的方法计算桉树林土壤养分淋溶通量。

土壤溶液的收集使用陶瓷头土壤溶液取样器 (中国科学院地理科学与资源研究所，北京)。该设备由一个陶瓷头、一个 500 ml 的采样瓶和连接管构成。基于以往研究报道，桉树的主要根系分布在土壤表层 40 cm，超过该深度的土壤养分很难被植物吸收利用，视为从该生态系统中流失。因此，本节中陶瓷头取样器埋设于土壤 50 cm 深处。埋设时先用接近陶瓷头直径的土钻打 55 cm 深的孔，将陶瓷头取样器放入孔内 50 cm 土壤深处。然后加水将土钻取出的土混成泥浆，按照原来的层次回填入孔中，保证陶瓷头和回填的土壤接触紧密，没有空隙。陶瓷头取样器通过塑料管连接一个 500 ml 的采样瓶。采样前用手动气泵将采样瓶抽真空 (–0.06 MPa)，密闭后，在样地放置 1d(图 2-7)。待采样瓶收集到土壤溶液后，用白色塑料瓶收集起来，冷冻保存，运回实验室。

图 2-7　桉树林土壤溶液采样

每个桉树林样方呈对角线安置 3 套陶瓷头土壤溶液取样器于施肥点附近 10 cm 左右位置。

预实验表明，该方法在一般情况下很难收集到土壤溶液，只有遇到较大降雨，产生渗流，土壤达到一定的含水量时才能收集到。本节仅在 2013 年 4 ~ 11 月降雨较多的生长季收集到足够的土壤溶液，而在 2013 年 11 月 ~ 2014 年 3 月降雨较少的非生长季则没有。由于降雨与土壤淋溶存在一定的时滞，加之较大降雨时样地路途泥泞，比较危险，所以土壤溶液的采样在较大降雨结束后的半天至一天开始进行。另因设备老化损坏，本节的土壤溶液采集工作只进行了一个生长季。

土壤溶液样品运回实验室后冷藏保存。样品测试前进行解冻，过 0.45 μm 的微孔滤膜。土壤溶液全用碳 TOC 分析仪 (Liqui TOC，Elementa，Germany) 测定，土壤溶液全氮用连续流动分析仪及配套消毒设备测定，土壤溶液钾、钙、钠、镁离子用全谱直读等离子体发射光谱仪测定。

桉树林土壤水分淋溶用一个简化的一维水文模型 BROOK90 模型进行模拟。BROOK90 模型是一个机理性的水文模型，可模拟蒸散、径流、土壤水分、土壤淋溶等水文过程。其需要的输入数据包括降雨量、辐射量、最低温度、最高温度、相对湿度、风速。本节中，降雨量、最低温度、最高温度、相对湿度和风速由 L99-YLWS 型雨量计 (上海发泰科技有限公司，上海) 记录，太阳辐射数据参照 NASA Surface meteorology and Solar Energy：RET Screen Data 网站数据。

BROOK90 模型需要的样地参数包括地理位置、水流 (flow)、冠层、土壤等。因为本节中的两个桉树林样地立地条件比较类似，所以两个样地使用同一套地理位置、水流、冠层、土壤等参数。本节中的冠层数据采用 BROOK90 模型推荐的 *Eucalyptus* 的参数，水流仅包含一维的渗流，土壤层次设定为 5 层，容重参数采用实测值。参数设置好后，对样地水文过程进行模拟。同时监测土壤剖面水分含量，用土壤剖面含水量的实测值与模型模拟值进行比较，调整模型参数。经调整后，用 BROOK90 模型模拟研究样地的土壤水分淋溶量。将测得的土壤溶液养分浓度和模拟的土壤水分淋溶量对应相乘，得到土壤养分淋溶量。当陶瓷头土壤溶液取样器因个别月份干旱无法取得样品时，该月份的土壤溶液养分浓度由临近的前后两个月的均值替代。

2.3　数 据 分 析

用成对 *T* 检验 (paired-*t*-test) 分析桉树取代天然次生林造林对森林植物、土壤特征及微生物群落特征是否有显著影响。用方差分析 (analysis of variance，ANOVA) 分析桉树连栽代次和对森林植物、土壤特征及微生物群落特征是否有显著影响，以及土壤有机碳水平和施氮梯度对桉树林土壤微生物群落、温室气体通量和养分淋溶通量的影响，多重比较采用 Turkey 法。ANOVA 和 Pearson 相关性分析通过 SPSS 16.0 软件 (SPSS Inc., Chicago, IL, USA) 实现。

主成分分析 (principal component analysis，PCA) 用于检验不同处理间土壤微生物群落结构、碳源代谢功能的差异显著性分析。ANOSIM (analysis of similarities)、ADONIS (permutational multivariate analysis of variance vsing distance matrices) 和 MRPP(multiple response permutation procedure) 用于检验不同处理间土壤微生物群落功能基因组成的差异显著性分析，通过 R(R Core Development Team, 2009) 中 vegan 数据包的 ANOSIM、ADONIS 和 MRPP 程序实现。Bio-ENV 用于筛选显著影响土壤微生物群落结构的土壤因子和植物因子，mantel test 用于检验筛选到的环境因子与土壤微生物群落结构之间的关系，分别通过 R 中 vegan 数据包的 BIOENV 和 MANTEL 程序实现。另外冗余分析 (redundancy analysis，RDA) 也用于分析土壤微生物落结构及功能环境因子之间的关系，通过 R 中 vegan 数据包的 RDA 程序实现。

第3章 桉树造林和连栽对植物多样性和土壤性质的影响

砍伐天然林后用外来速生树种造林（如桉树、湿地松），是中国乃至世界面临的最重大的生态变化之一（Sicardi et al., 2004; Berthrong et al., 2009; Burton et al., 2010; Iovieno et al., 2010）。已有研究表明，与原生森林相比，引进种造林经常造成物理、化学和生物环境变化、改变关键资源的丰富度，进而改变植物群落的物种组成（Ehrenfeld, 2003; Mitchell et al., 2006），影响植物多样性。外来物种人工林较快的生长速率会大量消耗土壤水分和养分资源（Turnbull, 1999），影响土壤氮、磷、钾、盐分、pH 等营养状况（Vitousek et al., 1987b; Vitousek and Walker, 1989）及土壤水分和土壤物理结构。

目前，桉树因其具有生长快、产量大、经济价值高的特点成为我国南方地区大面积造林树种。但是，我国桉树人工林的种植除了采用大面积高密度种植单一速生品种、短期轮伐（一般 5～7 年采伐一次）、多代连栽的种植模式外，桉树种植过程中还会有很多其他高强度的人为干扰，如种植桉树前过度地翻耕整地，桉树人工林的施肥抚育、喷施除草剂，桉树木材收获过程中的伐木作业，以及地上生物量的移除（张凯等，2015a）。桉树特有的物种特性（如生长迅速、分泌化感物质等）和桉树人工林特定的营林方式在很大程度上影响桉树人工林林下植被多样性，对林下土壤养分和水分消耗都比较高，降低了林下植被养分给养，也抑止了林下植被的发育，较差的林下植被环境又导致了其养分和水分的涵养能力进一步恶化（Zhang et al., 2015）。

本章重点探讨天然次生林转变为桉树人工林后植物多样性和土壤理化性质的变化及其随着桉树连栽代次的增加呈现出的演变规律。

3.1 桉树造林和连栽对植物多样性的影响

有关桉树种植对植物多样性的影响存在不同观点，包括没影响、抑制作用和促进作用。桉树特有的物种特性及桉树人工林特定的管理方式决定了桉树造林对森林植被群落特征的潜在影响，研究桉树造林及其多代连栽对植物群落组成的影响有利于桉树人工林植物多样性的科学调控和可持续经营。

3.1.1 桉树人工林取代天然次生林对植物多样性的影响

与天然次生林相比,桉树人工林乔木层盖度显著下降(表 3-1,$P<0.01$)。无论是在广西还是海南,桉树人工林乔木冠层盖度都低于 50%,两地 18 个桉树人工林样地乔木层盖度均值只有 44% 左右,而天然次生林乔木层盖度达到 70% 左右。广西的天然次生林转变为桉树人工林后林下灌木层的盖度显著降低 ($P<0.01$)。森林类型转变导致的草本层盖度变化在两个研究区域表现出不同的规律,广西天然次生林的草本层盖度显著高于桉树人工 ($P<0.05$),海南则相反,桉树人工林的草本层盖度较高 ($P<0.05$)。

表 3-1   不同森林植物群落结构

项目	种类	广西		海南		整体均值	
		天然次生林	桉树人工林	天然次生林	桉树人工林	天然次生林	桉树人工林
盖度 %	乔木	60 ± 4[*]	49 ± 4	78 ± 4[***]	41 ± 3	70 ± 3[***]	44 ± 2
	灌木	24 ± 1[***]	11 ± 2	47 ± 4	43 ± 6	37 ± 4	29 ± 5
	草本	49 ± 7[*]	32 ± 4	61 ± 7	86 ± 5[*]	57 ± 5	62 ± 7
丰富度	乔木	5 ± 2	1	11 ± 1[***]	1	8 ± 1[***]	1
	灌木	15 ± 1	14 ± 1	17 ± 1[***]	9 ± 1	16 ± 1[***]	11 ± 1
	草本	6 ± 1	6 ± 1	13 ± 1	13 ± 1	10 ± 1	10 ± 1

* 表示 $P<0.05$;*** 表示 $P<0.001$。

天然次生林的植被构成较为复杂,尽管广西研究区域内的天然次生林中乔木层以马尾松为主要乔木物种,但是 8 个调查样地乔木层物种丰富度平均有 5 种,乔木层的物种组成中还包括木油桐(*Aleurites montana*)、枫香(*Liquidambar formosana*)、海南蒲桃(*Syzygium cumini*)、红锥(*Castanopsis hystrix*)、野梧桐(*Mallotus japonicus*)、漆树(*Toxicodendron verniciifluum*)、山乌桕(*Sapium discolor*)、水锦树(*Wendlandia uvariifolia*)、鹅掌柴(*Schefflera octophylla*)、银合欢(*Leucaena leucocephala*)、三叉苦(*Evodia lepta*)、香樟(*Cinnamomum camphora*)、黄杞(*Engelhardtia roxburghiana*)、黄毛榕(*Ficus esquiroliana*)、大沙叶(*Pavetta arenosa*)等树种。海南天然次生林乔木层的物种丰富度更高,平均有 11 种,乔木层的物种组成中还包括厚皮树(*Lannea coromandelica*)、对叶榕(*Ficus hispida*)、银柴(*Aporosa dioica*)、木棉(*Gossampinus malabarica*)、倒吊笔(*Wrightia pubescens*)、菲律宾合欢(*Albizzia procera*)、海南红豆(*Ormosia pinnata*)、海南蒲桃(*Syzygium cumini*)、枫香树(*Liquidambar formosana*)、黄牛木(*Cratoxylum cochinchinense*)、毛果扁担杆(*Grewia eriocarpa*)、水锦树(*Wendlandia uvariifolia*)、越南山矾(*Symplocos cochinchinensis*)、大叶土蜜树(*Bridelia fordii*)、假柿木姜子(*Litsea monopetala*)、假苹婆(*Sterculia lanceolata*)、破布叶(*Microcos paniculata*)、细基丸(*Polyalthia cerasoides*)、小花五桠果(*Dillenia pentagyna*)、余甘果(*Phyllanthus emblica*)、海南栲(*Castanopsis hainanensis*)、尖叶杜英(*Elaeocarpus apiculatus*)、楝叶吴萸(*Evodia glabrifolia*)、木蝴蝶(*Oroxylum indicum*)、山黄麻(*Trema tomentosa*)、印度锥(*Castanopsis indica*)等树种。由于两个研究区域内桉树人工林种植都采用单一速生品种的大面积高密度种植,森林类型由天然次生林转变为桉树

人工林后，乔木层只剩下桉树这一单一物种。

与天然次生林相比，桉树人工林灌木层的物种丰富度显著下降 ($P<0.001$)，这种现象在海南尤其明显 ($P<0.001$)。但是草本层的物种丰富度在两种森林类型间则没有差异。

3.1.2 桉树连栽对植物多样性的影响

广西桉树林下灌层及草本层木的物种丰富度随连栽代次增加呈现下降的趋势。海南桉树林下灌木层的物种丰富度和盖度随连栽代次增加呈现增加趋势 (表 3-2)。

表 3-2 天然次生林和连栽桉树林植被组成特征

项目	种类	地区	NSF	G2	G3	G4
盖度	灌木	广西	36 ± 12	25 ± 5	17 ± 8	28 ± 3
		海南	73 ± 13	—	13 ± 6	22 ± 6
	草本	广西	45 ± 10	25 ± 9	17 ± 6	27 ± 3
		海南	78 ± 8	67 ± 8	53 ± 8	73 ± 15
丰富度	乔木	广西	4 ± 1	1	1	1
		海南	9 ± 1	1	1	1
	灌木	广西	14 ± 3	13 ± 3	7 ± 1	7 ± 1
		海南	6 ± 1	—	1 ± 1	4 ± 1
	草本	广西	8 ± 3	4 ± 1	3 ± 1	2 ± 1
		海南	5 ± 1	7 ± 1	4 ± 1	5 ± 1

3.2 桉树造林和连栽对土壤理化性质的影响

多数人工林取代天然林都会导致土壤地力的下降。关于桉树人工林对生态系统的土壤理化性质、养分循环等各个方面的影响已有大量研究 (Berthrong et al., 2009；Lynch, et al., 2012)，但结果各自不一。有关桉树造林对土壤质量的影响存在不同看法，包括没影响、提高土壤质量、导致土壤恶化。本节通过比较桉树人工林与天然次生林，以及对不同连栽代次的桉树人工林土壤物理性质和养分变化等进行分析，从土壤水分和养分状况的角度为桉树人工林可持续经营提供理论依据。

3.2.1 桉树人工林取代天然次生林对土壤理化性质的影响

3.2.1.1 物理性质

由天然次生林向桉树人工林的转变导致林地土壤湿度的极显著下降 (表 3-3，

$P<0.001$)。供试桉树人工林地土壤含水量低于20%，广西天然次生林土壤含水量为26%左右，海南天然次生林土壤含水量为22%左右。尽管桉树人工林存在高强度的林业作业，但是森林类型的转变并没有显著改变土壤的容重及粒径组成。

表3-3　不同森林土壤物理性质

项目	广西		海南		整体均值	
	天然次生林	桉树人工林	天然次生林	桉树人工林	天然次生林	桉树人工林
含水量 /%	26.20 ± 1.63**	19.86 ± 1.94	21.82 ± 0.44*	19.90 ± 0.49	23.77 ± 0.91***	19.88 ± 0.87
容重 /g·cm⁻³			1.12 ± 0.02	1.09 ± 0.03	—	—
砂粒含量 /%	29.50 ± 5.27	34.43 ± 4.02	—	—	—	—
粉粒含量 /%	60.31 ± 5.51	57.86 ± 4.96	—	—	—	—
黏粒含量 /%	10.19 ± 2.29	7.71 ± 1.57	—	—	—	—
pH	4.25 ± 0.08	4.28 ± 0.09	5.55 ± 0.14*	5.11 ± 0.13	4.97 ± 0.18	4.74 ± 0.13

* 表示 $P<0.05$；** 表示 $P<0.01$；*** 表示 $P<0.001$。

3.2.1.2　土壤酸碱度

桉树人工林取代天然次生林造林加剧了海南林地土壤的酸化程度，与天然次生林 (pH 5.55) 相比，桉树人工林土壤的pH下降了0.44(表3-3，$P<0.05$)。广西森林土壤的pH不到4.3，显著低于海南，但是两种森林类型之间差异不显著。

3.2.1.3　土壤碳库

天然次生林地土壤总碳含量为 24.24 mg·g⁻¹，而桉树人工林地土壤总碳含量为 17.98 mg·g⁻¹，显著低于天然次生林地土壤 (图3-1，$P<0.001$)。森林类型转变以后，海南桉树人工林地土壤的总碳含量比天然次生林下降了22% 左右 ($P<0.05$)，而广西的桉树人工林则比天然次生林下降了30% 左右 ($P<0.05$)。

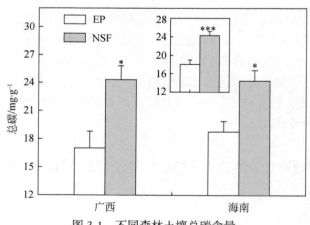

图 3-1　不同森林土壤总碳含量

* 表示 $P<0.05$；*** 表示 $P<0.001$。

　　与天然次生林相比，桉树造林导致林地土壤有机碳含量的显著降低（图 3-2）。桉树林地土壤总有机碳含量为 16.14 mg·g⁻¹，比天然次生林低 29%($P<0.001$)。其中广西桉树人工林地土壤总有机碳含量 14.59 mg·g⁻¹，比天然次生林低 34%($P<0.05$)，海南桉树人工林地土壤总有机碳含量 17.52 mg·g⁻¹，比天然次生林低 24%($P<0.05$)。

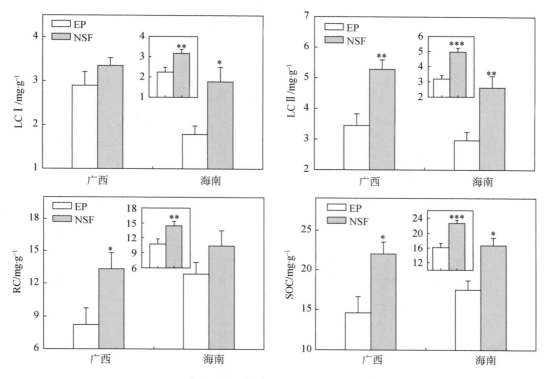

图 3-2　不同森林土壤有机碳库

注：LC Ⅰ，易分解碳库 Ⅰ；LC Ⅱ，易分解碳库 Ⅱ；RC，难分解碳库；SOC，土壤有机碳。
* 表示 $P<0.05$；** 表示 $P<0.01$；*** 表示 $P<0.001$。

　　根据有机碳分解的难易程度，可把土壤有机碳库分为易分解碳库 Ⅰ（主要包含低分子糖类、氨基酸、淀粉、蛋白质和部分半纤维素等易分解有机物）、易分解碳库 Ⅱ（主要包含纤维素和半纤维素等中等易分解有机物）及难分解碳库（用土壤总有机碳含量减去易分解碳库 Ⅰ 和易分解碳库 Ⅱ 得到，主要包括木质素、蜡质等难分解有机物）。根据图 3-2 可知，与天然次生林相比，广西桉树人工林地土壤有机碳含量的下降主要与易分解碳库 Ⅱ（$P<0.01$）和难分解碳库（$P<0.05$）的减小有关，分别下降了 34.7% 和 38.3%；而海南桉树人工林地土壤有机碳含量的下降主要与易分解碳库 Ⅰ（$P<0.05$）和易分解碳库 Ⅱ（$P<0.01$）的减小有关，分别下降了 4.1% 和 36.7%。

3.2.1.4　土壤氮库

　　与天然次生林相比，桉树造林导致林地土壤总氮含量的显著降低（图 3-3，$P<0.001$）。天然次生林地土壤总氮含量为 1.86 mg·g⁻¹，而桉树人工林地土壤总氮含量为 1.51 mg·g⁻¹，

比天然次生林低 19%。其中广西桉树人工林地土壤总氮含量 1.07 mg·g⁻¹，比天然次生林低 26%(*P*<0.01)。海南森林土壤总氮含量高于广西，天然次生林地土壤总氮含量 2.20 mg·g⁻¹，桉树人工林为 1.86 mg·g⁻¹，比天然次生林低 15%(*P*<0.05)。

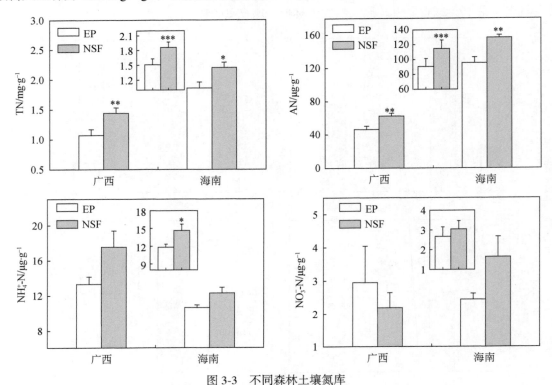

图 3-3　不同森林土壤氮库

注：TN，总氮；AN，碱解氮；NH₄⁺-N，铵态氮；NO₃⁻-N，硝态氮。
* 表示 *P*<0.05；** 表示 *P*<0.01；*** 表示 *P*<0.001。

桉树人工林取代天然次生林也导致土壤碱解氮含量的显著降低（图 3-3，*P*<0.001）。广西和海南桉树人工林地土壤碱解氮含量分别比对照的天然次生林下降了 26% 和 19%。桉树人工林土壤中铵态氮的含量也显著低于天然次生林（图 3-3，*P*<0.05）。两种森林类型土壤硝态氮含量差异不显著（图 3-3）。

3.2.1.5　土壤磷钾含量

桉树人工林取代天然次生林后，土壤总磷含量变化不大，但是桉树人工林地土壤有效磷的含量显著增加，是天然次生林的 2.1 倍（图 3-4，*P*<0.01）。海南桉树人工林土壤的总钾含量显著高于天然次生林的土壤。速效钾含量在两种森林类型土壤间差异较小。

3.2.2　桉树连栽对土壤理化性质的影响

对两个研究区域的连栽 2 代、3 代、4 代桉树林土壤理化性质做双因素方差分析结果（表 3-4）

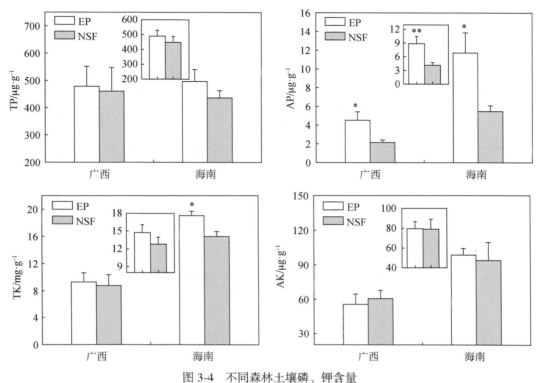

图 3-4 不同森林土壤磷、钾含量

注：TP，总磷；AP，有效磷；TK，总钾；AK，速效钾
* 表示 $P<0.05$；** 表示 $P<0.01$。

表明桉树连栽对土壤有机碳的含量有显著影响，由于桉树连栽与研究区域对大部分土壤理化性质的影响存在交互效应，桉树连栽对土壤的 pH、总碳、总氮、总磷、总钾、碱解氮、有效磷、速效钾、铵态氮、硝态氮的影响不显著。

表 3-4 天然次生林和连栽桉树林土壤理化性质的双因素方差分析

土壤理化性质	连栽		地点		连栽 × 地点	
	F	显著性	F	显著性	F	显著性
pH	1.31	0.432	187.29	0.005	1.18	0.339
TC	6.33	0.136	98.41	0.010	3.92	0.049
TN	8.72	0.103	104.69	0.009	3.20	0.077
TP	10.78	0.085	1205.80	<0.001	4.35	0.038
TK	2.67	0.272	124.82	0.008	5.47	0.021
SOC	162.03	0.006	1698.13	<0.001	0.22	0.805
AN	4.41	0.185	17.61	0.052	4.39	0.037
AP	0.40	0.714	1.26	0.379	16.51	<0.001

土壤理化性质	连栽		地点		连栽 × 地点	
	F	显著性	F	显著性	F	显著性
AK	7.80	0.114	0.20	0.696	11.43	0.002
NH_4^+-N	0.01	0.990	6.22	0.130	14.55	<0.001
NO_3^--N	0.25	0.799	0.14	0.741	21.39	<0.001

注：TC，总碳（$mg \cdot g^{-1}$）；TN，总氮（$mg \cdot g^{-1}$）；TP，总磷（$\mu g \cdot g^{-1}$）；TK，总钾（$mg \cdot g^{-1}$）；SOC，有机碳（$mg \cdot g^{-1}$）；AN，碱解氮（$\mu g \cdot g^{-1}$）；AP，有效磷（$\mu g \cdot g^{-1}$）；AK，速效钾（$\mu g \cdot g^{-1}$）；NO_3^--N，硝态氮（$\mu g \cdot g^{-1}$）；NH_4^+-N，铵态氮（$\mu g \cdot g^{-1}$）。

广西和海南连栽桉树林土壤的 pH、总碳、总氮、总磷、总钾及土壤有机碳差异显著，广西连栽桉树林地土壤的 pH 显著低于海南桉树林，总碳、总氮、总磷及土壤有机碳的含量都显著高于海南桉树林（表 3-5）。

表 3-5　天然次生林和连栽桉树林土壤理化性质

土壤理化性质	地区	NSF	G2	G3	G4
WC	广西	30.77 ± 0.52	27.48 ± 0.38	28.43 ± 0.09	28.65 ± 0.40
	海南	13.15 ± 0.28	18.58 ± 0.21	13.10 ± 0.59	10.10 ± 0.28
pH	广西	4.21 ± 0.10	4.32 ± 0.10	4.24 ± 0.04	4.02 ± 0.03
	海南	6.00 ± 0.27	5.40 ± 0.16	5.32 ± 0.04	5.36 ± 0.12
TC	广西	31.12 ± 1.28	12.96 ± 0.27b	18.22 ± 0.77a	18.42 ± 1.01a
	海南	10.49 ± 2.45	4.66 ± 0.50b	6.43 ± 0.24ab	7.63 ± 0.69a
TN	广西	1.64 ± 0.04	0.95 ± 0.02b	1.31 ± 0.03a	1.43 ± 0.05a
	海南	1.00 ± 0.21	0.40 ± 0.05b	0.50 ± 0.01ab	0.65 ± 0.06a
TP	广西	406.89 ± 1.05	896.18 ± 1.08c	969.37 ± 5.14b	1074.81 ± 33.34a
	海南	109.97 ± 18.95	83.49 ± 1.04b	138.21 ± 1.70ab	156.27 ± 26.93a
TK	广西	14.33 ± 0.76	2.04 ± 0.05	2.01 ± 0.03	2.48 ± 0.08
	海南	4.90 ± 0.07	6.17 ± 0.50b	10.25 ± 1.07a	10.87 ± 1.31a
SOC	广西	26.87 ± 0.39	10.83 ± 0.67b	15.54 ± 0.20a	17.17 ± 0.79a
	海南	9.41 ± 2.03	4.13 ± 0.31b	5.88 ± 0.04a	6.91 ± 0.17a
AN	广西	57.34 ± 1.54	41.35 ± 1.67b	60.27 ± 0.24a	59.57 ± 0.61a
	海南	60.41 ± 2.69	32.46 ± 4.01	38.52 ± 1.95	39.76 ± 2.66
AP	广西	2.98 ± 0.11	5.14 ± 0.60a	2.56 ± 0.11b	2.93 ± 0.10b
	海南	5.65 ± 1.29	5.11 ± 0.68b	8.58 ± 0.51a	4.64 ± 0.21b
AK	广西	92.33 ± 0.14	66.15 ± 1.19a	32.50 ± 0.89b	26.43 ± 1.38b
	海南	61.38 ± 1.61	57.41 ± 6.61a	22.79 ± 1.43c	34.52 ± 2.55b

续表

土壤理化性质	地区	NSF	G2	G3	G4
NO_3^--N	广西	2.09 ± 0.17	0.54 ± 0.02b	1.80 ± 0.13a	1.83 ± 0.13a
	海南	7.85 ± 0.58	1.50 ± 0.23a	1.46 ± 0.06a	0.70 ± 0.06b
NH_4^+-N	广西	12.99 ± 0.31	12.30 ± 0.43a	10.63 ± 0.53b	11.62 ± 0.24ab
	海南	11.63 ± 0.50	8.54 ± 0.08b	10.06 ± 0.14a	8.90 ± 0.01ab

注：同行不同小写字母表示处理间差异显著 ($P<0.05$)；WC，含水量 (%)；TC，总碳 ($mg \cdot g^{-1}$)；TN，总氮 ($mg \cdot g^{-1}$)；TP，总磷 ($\mu g \cdot g^{-1}$)；TK，总钾 ($mg \cdot g^{-1}$)；SOC，有机碳 ($mg \cdot g^{-1}$)；AN，碱解氮 ($\mu g \cdot g^{-1}$)；AP，有效磷 ($\mu g \cdot g^{-1}$)；AK，速效钾 ($\mu g \cdot g^{-1}$)；NO_3^--N，硝态氮 ($\mu g \cdot g^{-1}$)；NH_4^+-N，铵态氮 ($\mu g \cdot g^{-1}$)。

　　土壤总碳、总氮、总磷、有机碳、碱解氮含量在广西和海南都随桉树连栽代次增加表现出增加趋势。海南桉树林地总钾含量随桉树连栽代次增加表现出增加趋势。广西 2 代桉树林地土壤有效磷含量显著高于 3 代、4 代桉树林。桉树林土壤速效钾含量随桉树连栽代次增加表现出降低趋势，在海南表现为 2 代桉树林显著高于 3 代、4 代桉树林。桉树林地土壤硝态氮含量在广西表现为随连栽代次增加而增加，在海南则表现为随连栽代次增加而降低（表 3-5)。

第4章 | 桉树造林和连栽对土壤微生物群落的影响

　　土壤微生物在森林生态系统的分解作用、养分矿化和几乎所有的土壤生态过程中都发挥着主导作用，显著影响着森林生态系统的功能及其土壤养分的可持续性 (Xu et al., 2008; Burton et al., 2010)。大尺度的环境扰动，如森林类型的转换，会导致土壤中的微生物群落发生较大变化。此外，土壤微生物比土壤的物理、化学性质对土地利用变化的响应更为敏感 (Romaniuk et al., 2011)。

　　了解森林类型转变导致的环境变化如何影响土壤微生物群落将有助于更广泛地预测生物地球化学循环对森林类型转变的响应，以及提高人工林的可持续管理。本章针对引进种桉树造林对土壤微生物群落的影响，应用成对实验设计（天然次生林—桉树人工林）和空间代替时间方法（连栽2代、3代、4代的桉树人工林），以及磷脂脂肪酸 (PLFA)、第4代功能基因芯片 (geochip 4.0)、BIOLOG 微平板培养等技术手段，在土壤肥力差异显著的广西扶绥小流域和海南白沙小流域、儋州林场探讨土壤微生物群落结构和功能如何响应桉树人工林取代天然次生林这一土地利用变化，以及随后的桉树连栽过程中这种响应特征在不同肥力水平土地上的差异。

　　森林土壤微生物群落的结构和功能受森林类型、气候、土壤条件及人为管理活性的影响 (Wei et al., 2009; Burton et al., 2010; Ibell et al., 2010)。本章采用成对实验设计的方法，在广西和海南一共选取了18对相邻的天然次生林和桉树人工林，不同的样地其土壤和小气候条件也各不相同，使得结果更具有说服力及代表性。

　　另外，本章分别在广西国有东门林场和海南儋州林场对相邻的连栽2代、3代和4代的桉树人工林进行调查采样和评估。地理位置相邻的不同连栽代次的桉树人工林使本章能够应用"空间替代时间"的方法作为一种替代的研究微生物群落结构和功能长期演替的方式 (Pickett, 1989; Chauvat et al., 2003)。尽管这种方法存在缺陷，但是这种方法通常被认为是没有长期监测数据时确定森林生态系统长期变化的唯一途径 (Trofymow and Porter, 1998; Chauvat et al., 2003)。本章评估了土壤微生物群落生物量、磷脂脂肪酸组成、功能基因组成及微生物群落碳代谢功能和土壤酶活性对桉树林连栽的响应，结果发现桉树连栽对土壤微生物群落的生物量、磷脂脂肪酸组成、功能基因组成及微生物群落碳代谢功能和土壤酶活性的影响在广西国有东门林场和海南儋州林场表现出显著不同的规律。

4.1 桉树造林和连栽对土壤微生物群落结构的影响

定量描述微生物群落一直是微生物生态学的难题之一。应用传统的微生物培养方法操作费时费力，平板计数本身也存在着很大的不确定性，并且大部分微生物是不可培养或者非活性的。通过传统方法只能提供少量的微生物群落信息，分离鉴定到的微生物只占环境微生物总数的 0.1% ~ 10%。

土壤微生物群落的生物量常被用来作为土壤肥力的指标，土壤微生物群落的生物量越低，则说明土壤质量越差 (Powlson et al., 1987；Wardle, 1992；Zheng et al., 2005)。土壤中微生物群落组成的变化，如饱和直链脂肪酸 / 单不饱和脂肪酸、真菌 / 细菌、革兰氏阳性菌 / 革兰氏阴性菌、异构 / 反异构支链磷脂脂肪酸及环丙烷脂肪酸 / 前体的比值，也与土壤营养胁迫显著正相关，或与资源的可用性显著负正相关 (Bossio and Scow, 1998；Fierer et al., 2003；McKinley et al., 2005；Moore-Kucera and Dick, 2008)。第 4 代功能基因芯片技术是一种高通量的分析微生物群落功能结构，并将微生物群落与生态系统过程和功能有效结合的分析方法 (He et al. 2010)。土壤酶学分析表明用功能基因芯片检测到的土壤微生物的功能基因丰度能定量地表征对应酶活性的大小，即土壤酶活性与响应功能基因的丰度显著正相关。

本节通过微生物生物量碳、氮的含量来表征土壤微生物群落的生物量，通过磷脂脂肪酸 (PLFA) 谱图分析技术检测土壤微生物细胞膜中磷脂脂肪酸的种类和含量，用第 4 代功能基因芯片技术分析土壤微生物基因组中各功能基因的丰度和多样性。

4.1.1　桉树人工林取代天然次生林对土壤微生物群落结构的影响

4.1.1.1　微生物生物量碳和氮

桉树人工林取代天然次生林造林导致土壤微生物群落生物量碳、氮显著降低 (图 4-1)。广西桉树人工林地土壤的微生物生物量碳为 445.87 mg·kg^{-1}，微生物生物量氮则为 21.16 mg·kg^{-1}，分别比天然次生林低 31%($P<0.05$) 和 40%($P<0.01$)；海南桉树人工林地土壤的微生物生物量碳为 376.65 mg·kg^{-1}，微生物生物量氮则为 61.91 mg·kg^{-1}，分别比天然次生林低 36%($P<0.001$) 和 35%($P<0.01$)(图 4-1)。天然次生林转变为桉树人工林后，土壤微生物群落生物量的显著下降表明森林土壤的资源可利用性也显著降低 (Chen et al., 2004；Berthrong et al., 2009；Macdonald et al., 2009；Burton et al., 2010)。

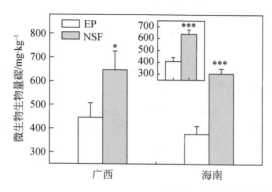
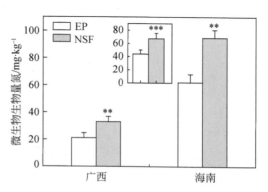

图 4-1　不同森林土壤微生物生物量碳和氮

* 表示 $P<0.05$；** 表示 $P<0.01$；*** 表示 $P<0.001$。

4.1.1.2 磷脂脂肪酸构成

磷脂是细胞质膜的主要成分，其含量在处于正常生理状态的活细胞中相对稳定，且在细胞死后可以很快分解，所以测出的磷脂含量可以反映环境中活细胞的组成和数量。不同种类的微生物磷脂脂肪酸种类和含量各不相同，因此可以根据磷脂类化合物的组成了解土壤微生物结构的重要信息。PLFA 组成及数量对外界环境的变化与干扰非常敏感，通过对环境样品中的脂肪酸谱图进行分析，可以描述微生物群落动态作为揭示环境变化的生物监测指标。

(1) 磷脂脂肪酸丰度

根据不同类群微生物的特征脂肪酸的含量和脂肪酸的总量可以估算土壤中微生物的生物量。根据表 4-1，两种林型土壤磷脂脂肪酸总量间的差异达到极显著水平 ($P<0.001$)。广西桉树人工林地土壤中磷脂脂肪酸总量为 52.9 nmol·g^{-1}，天然次生林为 84.5 nmol·g^{-1}，是桉树人工林的 1.6 倍；海南桉树人工林地土壤中磷脂脂肪酸总量为 67.6 nmol·g^{-1}，而天然次生林则为 105.9 nmol·g^{-1}，也是桉树人工林的 1.6 倍。

表 4-1　不同森林土壤磷脂脂肪酸的丰度　　　　　（单位：nmol·g^{-1}）

项目	整体均值		广西		海南	
	天然次生林	桉树人工林	天然次生林	桉树人工林	天然次生林	桉树人工林
GP	35.2 ± 2.2***	23.2 ± 1.8	28.9 ± 2.4**	18.9 ± 1.9	40.2 ± 2.7***	26.7 ± 2.3
GN	15.6 ± 1.1***	8.4 ± 0.8	12.4 ± 1.0***	5.9 ± 0.8	18.2 ± 1.4***	10.5 ± 0.9
Bac	53.3 ± 3.3***	33.6 ± 2.5	45.1 ± 3.8**	28.0 ± 3.0	59.9 ± 4.1***	38.0 ± 3.3
AMF	3.3 ± 0.3***	1.6 ± 0.2	2.2 ± 0.2***	0.9 ± 0.2	4.2 ± 0.2***	2.3 ± 0.2
Fungi	11.1 ± 0.7***	7.1 ± 0.5	9.9 ± 1.1*	6.2 ± 0.8	12.1 ± 0.8***	7.7 ± 0.6
Actin	8.8 ± 0.5***	5.5 ± 0.4	8.1 ± 0.7*	5.3 ± 0.6	9.3 ± 0.7***	5.7 ± 0.6
T-PLFA	96.4 ± 5.7***	61.1 ± 4.2	84.5 ± 7.2**	52.9 ± 5.7	105.9 ± 7.3***	67.6 ± 5.5

注：GP，革兰氏阳性菌；GN，革兰氏阴性菌；Bac，细菌；AMF，丛枝菌根真菌；Fungi，真菌；Actin，放线菌；T-PLFA，PLFA 总量。
* 表示 $P<0.05$；** 表示 $P<0.01$；*** 表示 $P<0.001$。

桉树人工林地土壤中，不管是革兰氏阳性菌，还是革兰氏阴性菌的特征脂肪酸含量都显著低于天然次生林（表 4-1，$P<0.001$）。天然次生林地土壤中细菌的生物量比桉树人工林高 59%($P<0.001$)，真菌的生物量也显著高于桉树人工林($P<0.001$)，特别是丛枝菌根真菌 (AMF)特征脂肪酸的含量是桉树人工林的 2 倍($P<0.001$)。另外，桉树人工林地土壤放线菌特征脂肪酸的含量也比天然次生林低 37%($P<0.001$)。

(2) 磷脂脂肪酸组成

对相对含量大于 2% 的 PLFA 进行主成分分析 (principal component analysis，PCA)，结果表明土壤微生物群落的 PLFA 组成在研究区域和森林类型间都表现出明显分异。如图 4-2

所示，主成分一能解释不同林地间土壤微生物群落磷脂脂肪酸组成分异的 66.4%，而两个研究区域在主成分 1 上的得分系数差异显著 (P<0.001)。将两地分别作主成分分析，不管是在广西还是海南，桉树的引种都导致土壤微生物群落磷脂脂肪酸组成的显著改变，主成分 1 分别能解释 46.4% 和 46.0% 的分异，而桉树人工林与天然次生林在主成分 1 上的得分系数具有显著差异 (P<0.001)。

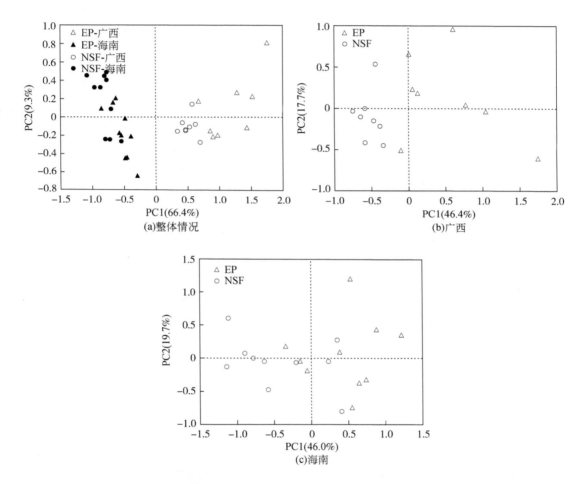

图 4-2　不同林地土壤微生物群落磷脂脂肪酸组成的主成分分析

结合单体 PLFA 在主成分 1 上的载荷 (表 4-2) 可以看出，细菌特征脂肪酸 i16：0、17：0 和 i17：0 在桉树人工林地土壤微生物群落的相对含量高于天然次生林，而细菌特征脂肪酸 18：1ω9t、16：1ω7c、a15：0、a17：0 和丛枝菌根真菌特征脂肪酸 16：1ω5c 则在天然次生林土壤微生物群落中的相对含量高于外来种桉树林。

表 4-2 与 PC1 相关显著的磷脂脂肪酸

磷脂脂肪酸	项目	PC1		
		(a)	(b)	(c)
革兰氏阳性菌	i15：0	−0.693**		
	a15：0	−0.910**	−0.569*	−0.861**
	i16：0	0.912**	0.946**	0.595**
	i17：0	0.439**	0.685**	0.572**
	a17：0	−0.741**		−0.479*
	i18：0	−0.609**		0.774**
革兰氏阴性菌	16：1ω7c	−0.780**	−0.721**	−0.705**
	18：1ω9t	−0.937**	−0.924**	−0.706**
	cy17：0	−0.614**		
	cy19：0		−0.559*	0.702**
细菌	17：0	0.963**	0.904**	
丛枝菌根真菌	16：1ω5c	−0.908**	−0.832**	−0.921**
真菌	18：2ω6,9c			0.658**
	18：1ω9c	0.705**		
放线菌	10Me 17：0	0.815**	0.732**	−0.887**
	10Me 19：0	−0.515**	−0.538*	
通用脂肪酸	16：0	0.335*		0.567**
	18：0	−0.644**		0.657**

* 表示 *P*<0.05；** 表示 *P*<0.01。

(3) 磷脂脂肪酸比值

饱和直链脂肪酸 / 单不饱和脂肪酸 (SAT/MONO)、革兰氏阳性菌 / 革兰氏阴性菌 (GP/GN)、Iso/anteiso 脂肪酸 (*I/A*) 及 cy19：0/18：1ω7c 的比值常用来指示土壤微生物受生理胁迫的程度，随受胁迫程度的增加而升高，与土壤养分胁迫条件正相关 (Bossio and Scow, 1998；Fierer et al., 2003；McKinley et al., 2005；Moore-Kucera and Dick, 2008)。

与天然次生林相比，桉树造林显著改变了土壤微生物群落的磷脂脂肪酸结构，群落饱和直链脂肪酸 / 单不饱和脂肪酸、革兰氏阳性菌 / 革兰氏阴性菌、异构 / 反异构支链磷脂脂肪酸 (*I/A*) 及 cy19：0/18：1ω7c 的比值上升，并且都达到极显著水平 (图 4-3，*P*<0.01)。这些土壤微生物群落受生理胁迫指数的增强表明桉树取代天然次生林造林后，森林土壤资源可利用性的下降，以及土壤养分胁迫的增强。

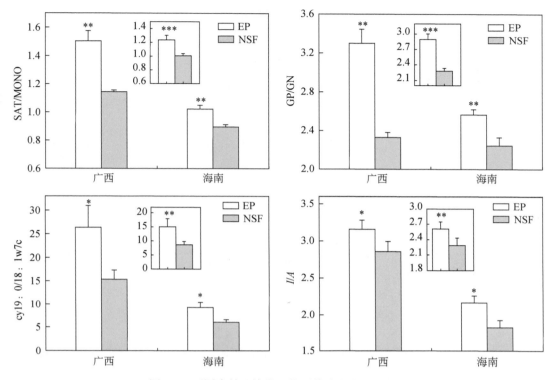

图 4-3　不同森林土壤微生物群落磷脂脂肪酸比值

注：SAT/MONO，饱和直链脂肪酸 / 单不饱和脂肪酸；GP/GN，革兰氏阳性菌 / 革兰氏阴性菌；I/A，(i15：0+i17：0)/
(a15：0+a17：0)。

* 表示 $P<0.05$；** 表示 $P<0.01$；*** 表示 $P<0.001$。

4.1.1.3　功能基因组成

(1) 宏基因组

　　天然次生林转变为桉树人工林后土壤宏基因组功能基因的丰度显著下降，但是海南桉树人工林土壤宏基因组功能基因的丰富度（探针个数）显著增加（表 4-3）。桉树取代天然次生林造林后，桉树人工林产生了许多特有的功能基因，与天然次生林相比，广西桉树人工林土壤样品中检测到 1179 个特有探针，而海南桉树人工林的特有探针有 7376 个。在广西和海南的天然次生林中分别有 4088 个和 5203 个功能基因探针是桉树人工林土壤中没有检测到的。

表 4-3　天然次生林和桉树人工林土壤微生物群落功能基因的多样性及丰度

项目	广西		海南	
	桉树人工林	天然次生林	桉树人工林	天然次生林
探针个数	51 561 ± 1 086	52 411 ± 1 477	44 966 ± 498**	4 1784 ± 978
多样性指数	10.41 ± 0.02	10.44 ± 0.03	10.41 ± 0.01	10.38 ± 0.20
丰度	95 200 ± 7 756	300 064 ± 43 417**	971 573 ± 106 509	1 255 154 ± 61 357*
特有探针	1 179	4 088	7 376	5 203

* 表示 $P<0.05$；** 表示 $P<0.01$。

　　桉树人工林取代天然次生林后，土壤微生物群落功能基因组成变化显著（图 4-4）。对检测到的功能基因家族进行主成分分析，结果表明，桉树人工林和天然次生林在主成分 1 上的得分系数差异显著 (*P*<0.05)，主成分 1 分别可解释广西和海南桉树人工林和天然次生林土壤微生物群落功能基因组成 77.5% 和 34.6% 的变异。

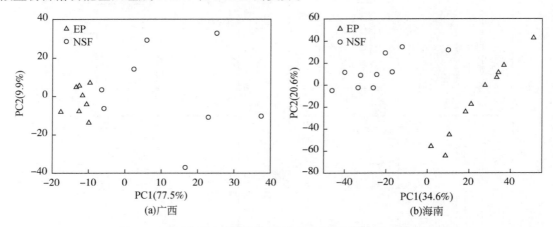

图 4-4　不同森林土壤微生物群落功能基因组成的主成分分析

　　三种群落差异分析的结果也表明桉树人工林与天然次生林地土壤微生物群落的功能基因组成存在显著差异（表 4-4）。

表 4-4　土壤微生物群落功能基因组成的差异分析

地区	MRPP		ANOSIM		ADONIS	
	δ	*P*	*R*	*P*	R^2	*P*
广西	0.30	0.002	0.75	<0.001	0.49	<0.001
海南	0.26	<0.001	0.78	<0.001	0.35	<0.001

(2) 碳循环基因

　　桉树人工林取代天然次生林后土壤微生物群落碳循环相关功能基因的丰度显著下降。海南桉树林人工林土壤微生物群落碳循环相关功能基因的丰富度（探针个数）显著增加（表 4-5）。

表 4-5　桉树人工林和天然次生林土壤碳循环基因的丰富度、多样性及丰度

项目	广西		海南	
	桉树人工林	天然次生林	桉树人工林	天然次生林
探针个数	7 542 ± 182	7 713 ± 249	12 547 ± 132**	11 601 ± 208
多样性指数	8.50 ± 0.02	8.54 ± 0.04	9.11 ± 0.01	9.09 ± 0.02
丰度	13 449 ± 1 112	42 730 ± 6 226**	310 329 ± 36 167	382 902 ± 19 333

** 表示 *P*<0.01。

天然次生林转变为桉树人工林后土壤微生物群落的碳循环功能基因组成发生显著改变（表 4-6），三种群落差异分析的结果都显示桉树人工林与天然次生林地土壤的碳固定、碳降解功能基因以及所有碳循环功能基因的组成差异显著。

表 4-6　天然次生林和桉树人工林土壤碳循环基因组成的差异分析

地区	MRPP		ANOSIM		ADONIS	
	δ	P	R	P	R^2	P
广西	0.31	<0.001	0.72	<0.001	0.51	<0.001
海南	0.29	<0.001	0.50	<0.001	0.26	<0.001

天然次生林转变为桉树人工林后土壤碳固定关键基因丙酰辅酶 A/乙酰辅酶 A 羧化酶 (Pcc/Acc)、一氧化碳脱氢酶 (carbon monoxide dehydrogenase，CODH) 及核酮糖二磷酸羧化酶 - 加氧酶 (ribulose bisphosphate carboxylase oxygenase，RUBISCO) 基因丰度显著下降（图 4-5）。

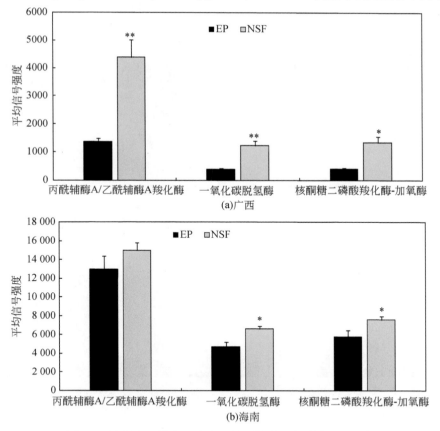

图 4-5　桉树人工林和天然次生林土壤碳固定关键基因丰度

* 表示 $P<0.05$；** 表示 $P<0.01$。

天然次生林转变为桉树人工林后土壤碳降解关键基因，包括降解淀粉的 α- 淀粉酶

amyA、环麦芽糖糊精水解酶 *cda*、葡糖淀粉酶 (glucoamylase) 和支链淀粉酶 *pulA*，降解半纤维素的阿拉伯呋喃糖酶 *ara*、木糖异构酶 *xylA* 和木聚糖酶 (xylanase)，降解纤维素的纤维二糖酶 (cellobiase)、内切葡聚糖酶 (endoglucanase) 和外切葡聚糖酶 (exoglucanase)，降解芳香化合物的环氧柠檬烯水解酶 *limEH*、香草醛脱氢酶 *vdh*、香子兰酸盐单加氧酶 *vanA*、异构柠檬酸酶 *aceA* 和苹果酸合酶 *aceB*，降解几丁质的乙酰葡糖胺糖苷酶 (acetylglucosaminidase)、内切几丁质酶 (endochitinase) 和外切几丁质酶 (exochitinase)，以及降解木质素的乙二醛氧化酶 *glx*、木质过氧化物酶 *lip*、锰过氧化物酶 *mnp* 和酚氧化酶 (phenol oxidase) 基因的丰度都显著下降 (图 4-6)。

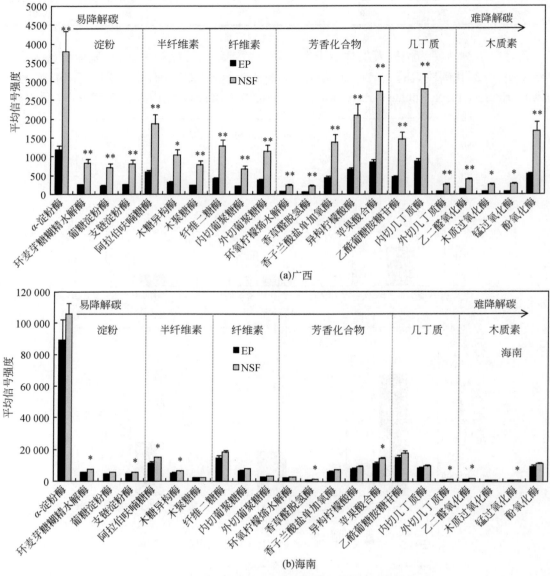

图 4-6　桉树林和天然次生林土壤碳降解关键基因丰度

* 表示 $P<0.05$；** 表示 $P<0.01$。

天然次生林转变为桉树人工林后土壤甲烷代谢关键基因，包括甲基辅酶 M 还原酶基因 *mcrA*、微粒型甲烷单加氧酶基因 *pmoA* 和甲烷单加氧酶基因 *mmoX* 的丰度都显著下降（图 4-7）。

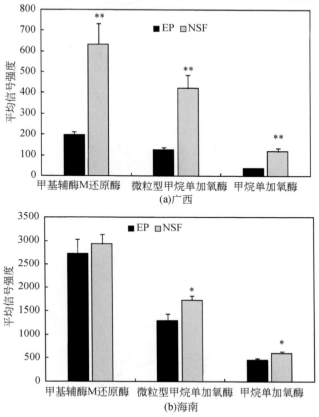

图 4-7　桉树林和天然次生林土壤甲烷代谢关键基因丰度

* 表示 *P*<0.05；** 表示 *P*<0.01。

(3) 氮循环基因

天然次生林转变为桉树人工林后土壤氮循环基因探针的丰富度（探针个数）和多样性的差异不显著，但是氮循环功能基因的丰度显著下降（表 4-7）。

表 4-7　桉树人工林和天然次生林土壤氮循环基因的丰富度、多样性及丰度

项目	广西		海南	
	桉树人工林	天然次生林	桉树人工林	天然次生林
探针个数	4 370 ± 102	4 436 ± 136	4 079 ± 46	3 949 ± 67
多样性指数	8.00 ± 0.02	8.02 ± 0.03	7.99 ± 0.01	7.99 ± 0.02
丰度	7 378 ± 600	23 515 ± 3447[**]	94 870 ± 9 520	134 087 ± 7 249[**]

** 表示 *P*<0.01。

广西天然次生林转变为桉树人工林后除了反硝化相关的氧化亚氮还原酶基因 *nirK* 占所有氮循环基因丰度的比例显著下降（图 4-8），其他氮循环相关过程的基因占氮循环基因丰度的比例变化都没达到显著水平。

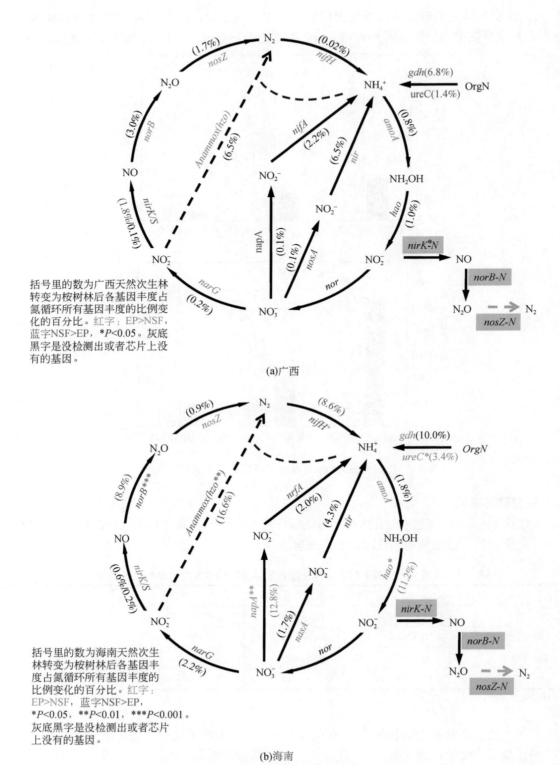

(a)广西

括号里的数为广西天然次生林转变为桉树林后各基因丰度占氮循环所有基因丰度的比例变化的百分比。红字：EP>NSF，蓝字NSF>EP，*P<0.05。灰底黑字是没检测出或者芯片上没有的基因。

(b)海南

括号里的数为海南天然次生林转变为桉树林后各基因丰度占氮循环所有基因丰度的比例变化的百分比。红字：EP>NSF，蓝字NSF>EP，*P<0.05，**P<0.01，***P<0.001。灰底黑字是没检测出或者芯片上没有的基因。

图 4-8　土壤氮循环基因的相对变化

海南天然次生林转变为桉树人工林后土壤氮矿化相关的脲酶基因 *ureC*、硝化作用相关的基因 *hao*、异化氮还原过程中的硝酸还原酶基因 *napA* 占所有氮循环基因丰度的比例都显著上升（图 4-8）。而固氮基因 *nifH* 和反硝化过程中的一氧化氮还原酶基因 *norB* 及厌氧氨氧化过程的基因 *hzo* 的丰度占所有氮循环基因丰度的比例则显著降低（图 4-8）。

4.1.2 桉树连栽对土壤微生物群落结构的影响

4.1.2.1 微生物生物量碳和氮

对两个研究区域的连栽 2 代、3 代、4 代桉树林土壤微生物生物量碳、氮做双因素方差分析（表 4-8 和图 4-9），结果表明桉树连栽与研究区域对土壤微生物生物量碳、氮的影响存在交互效应。广西桉树林土壤微生物群落的生物量碳显著高于海南桉树林。桉树林土壤微生物群落的生物量碳随连栽代次增加而升高。广西桉树林土壤微生物群落的生物量氮随连栽代次增加而升高，海南桉树林土壤微生物群落的生物量氮随连栽代次增加而降低。

表 4-8 地理位置和桉树连栽对土壤微生物生物量影响的双因素方差分析

项目	连栽		地理位置		连栽 × 地理位置	
	F	显著性	F	显著性	F	显著性
MBC	1.67	0.375	20.19	0.046	18.59	<0.001
MBN	0.41	0.712	0.05	0.841	23.39	<0.001

注：MBC，土壤微生物生物量碳；MBN，土壤微生物生物量氮。

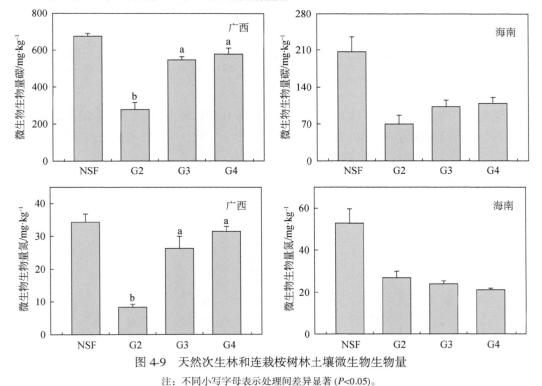

图 4-9 天然次生林和连栽桉树林土壤微生物生物量

注：不同小写字母表示处理间差异显著（$P<0.05$）。

4.1.2.2 磷脂脂肪酸构成

(1) 磷脂脂肪酸丰度

桉树连栽与研究区域对土壤微生物群落磷脂脂肪酸丰度和比值的影响存在显著的交互效应 (表 4-9)。

表 4-9 天然次生林和连栽桉树林土壤磷脂脂肪酸结构的双因素方差分析

项目	连栽		地理位置		连栽 × 地理位置	
	F	显著性	F	显著性	F	显著性
GP	1.11	0.474	8.49	0.100	26.03	<0.001
GN	0.57	0.638	1.57	0.337	62.25	<0.001
Bac	0.91	0.523	7.07	0.117	35.83	<0.001
AMF	5.72	0.149	1.92	0.300	4.24	0.040
Fungi	3.33	0.231	3.18	0.217	6.23	0.014
Actin	0.84	0.543	4.88	0.158	15.86	<0.001
TPLFA	1.29	0.437	5.70	0.140	27.23	<0.001
SAT/MONO	0.34	0.745	0.29	0.645	9.10	0.004
GP/GN	0.01	0.992	11.03	0.080	15.78	<0.001
cy17：0/16：1ω7c	0.24	0.808	9.33	0.093	3.04	0.086

注：GP, 革兰氏阳性菌；GN, 革兰氏阴性菌；Bac, 细菌；AMF, 丛枝菌根真菌；Fungi, 真菌；Actin, 放线菌；TPLFA, PLFA 总量；SAT/MONO, 饱和直链脂肪酸 / 单不饱和脂肪酸；GP/GN, 革兰氏阳性菌 / 革兰氏阴性菌。

广西连栽 2 代、3 代、4 代桉树林土壤革兰氏阳性菌、革兰氏阴性菌、细菌的磷脂脂肪酸的丰度从高到低依次为 G4>G3>G2；海南连栽 2 代、3 代、4 代桉树林土壤革兰氏阳性菌、革兰氏阴性菌、细菌的磷脂脂肪酸的丰度差异不显著 (图 4-10)。

广西和海南桉树林土壤菌根真菌和真菌磷脂脂肪酸的丰度都随桉树连栽代次的增加而递增，但是海南连栽 2 代、3 代、4 代桉树林土壤菌根真菌和真菌磷脂脂肪酸的丰度差异没

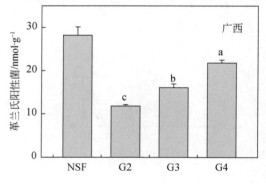
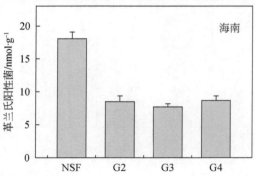

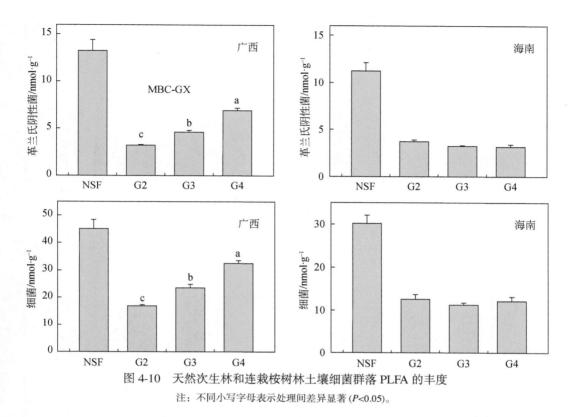

图 4-10　天然次生林和连栽桉树林土壤细菌群落 PLFA 的丰度

注：不同小写字母表示处理间差异显著 ($P<0.05$)。

达到显著水平 (图 4-11)。

　　广西桉树林土壤放线菌磷脂脂肪酸的丰度随桉树连栽代次的增加而递增，但是海南连栽 2 代、3 代、4 代桉树林之间土壤放线菌磷脂脂肪酸的丰度差异不显著 (图 4-12)。

　　广西桉树林土壤磷脂脂肪酸的总量随桉树连栽代次的增加而递增，而海南连栽 2 代、3 代、4 代桉树林之间土壤磷脂脂肪酸的总量则差异不显著 (图 4-13)。

(2) 磷脂脂肪酸组成

　　对相对含量大于 2% 的 PLFA 进行主成分分析，结果表明不管是在广西还是海南，桉树连栽都对土壤微生物群落磷脂脂肪酸组成有显著影响，土壤微生物群落的 PLFA 组成在不同代次桉树林间表现出明显分异，如图 4-14 所示，主成分 1 分别能解释广西和海南不同代次

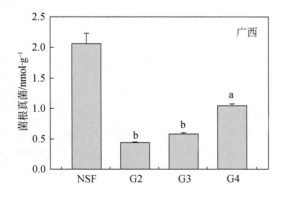
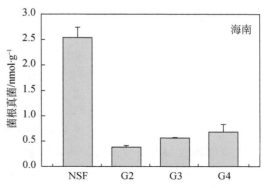

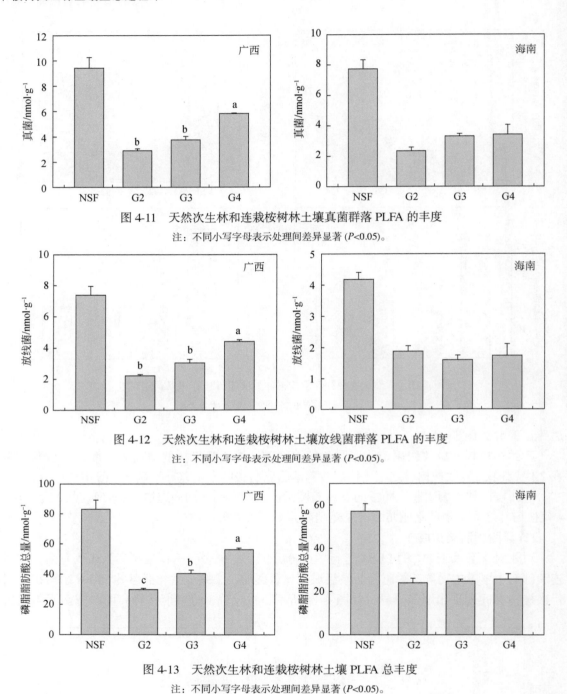

图 4-11 天然次生林和连栽桉树林土壤真菌群落 PLFA 的丰度

注：不同小写字母表示处理间差异显著 ($P<0.05$)。

图 4-12 天然次生林和连栽桉树林土壤放线菌群落 PLFA 的丰度

注：不同小写字母表示处理间差异显著 ($P<0.05$)。

图 4-13 天然次生林和连栽桉树林土壤 PLFA 总丰度

注：不同小写字母表示处理间差异显著 ($P<0.05$)。

桉树林地间土壤微生物群落磷脂脂肪酸组成分异的 69.0% 和 62.8%，连栽 2 代桉树林与连栽 3 代、4 代桉树林在主成分 1 上的得分系数具有显著差异。主成分 2 分别能解释广西和海南不同代次桉树林地间土壤微生物群落磷脂脂肪酸组成分异的 12.7% 和 25.4%，连栽 3 代桉树林与连栽 4 代桉树林在主成分 2 上的得分系数具有显著差异。

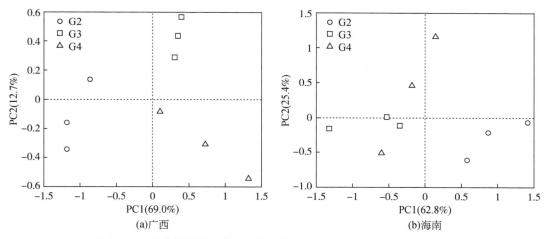

图 4-14　连栽桉树林土壤微生物群落磷脂脂肪酸组成的主成分分析

(3) 磷脂脂肪酸比值

　　饱和直链脂肪酸 / 单不饱和脂肪酸 (SAT/MONO)、革兰氏阳性菌 / 革兰氏阴性菌 (GP/GN) 及 cy17：0/16：1ω7c 的比值常用来指示土壤微生物受生理胁迫的程度，随受胁迫程度的增加而升高。与天然次生林相比，桉树人工林地土壤饱和直链脂肪酸 / 单不饱和脂肪酸、革兰氏阳性菌 / 革兰氏阴性菌及 cy17：0/16：1ω7c 的比值显著上升 (图 4-15)，表明与天然次生林相比，桉树人工林土壤微生物群落受生理胁迫增强 (Chen et al., 2013)。

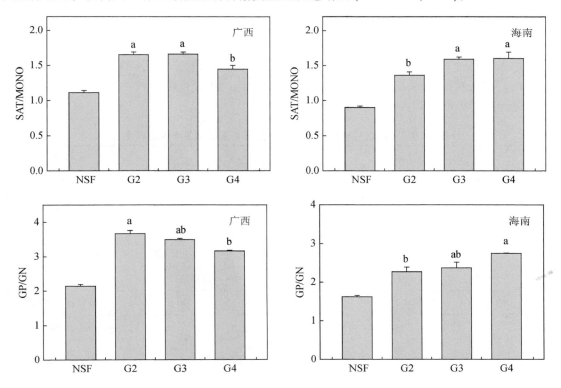

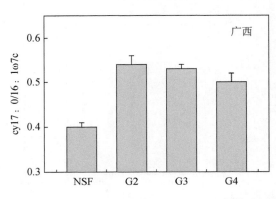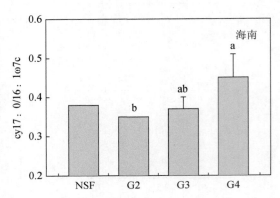

图 4-15　天然次生林和连栽桉树林土壤 PLFA 比值

注：不同小写字母表示处理间差异显著 ($P<0.05$)。

桉树人工林土壤饱和直链脂肪酸 / 单不饱和脂肪酸的比值与桉树连栽代次的关系表现为广西，G4<G3、G2；海南，G4、G3> G2。革兰氏阳性菌 / 革兰氏阴性菌的比值与桉树连栽代次的关系表现为广西，G4<G3<G2；海南，G4>G3> G2。土壤 cy17：0/16：1ω7c 的比值与桉树连栽代次的关系在海南表现为 G4>G3>G2(图 4-15)，在广西表现为递减关系，但差异不显著。以上结果表明随桉树连栽代次的增加，广西桉树林土壤微生物群落受生理胁迫减弱，海南桉树林土壤微生物群落受生理胁迫则增强。

4.1.2.3　功能基因组成

(1) 宏基因组

天然次生林转变为桉树人工林后土壤宏基因组功能基因的丰富度 (探针个数) 和多样性显著增加，但是功能基因的丰度却显著下降 (表 4-10)。随着桉树连栽代次的增加，桉树人工林功能基因的丰富度和多样性呈现升高的趋势。

表 4-10　天然次生林和连栽桉树林土壤宏基因组多样性及丰度

项目	地区	NSF	G2	G3	G4
探针个数	广西	49 969 ± 540	55 296 ± 588b	57 043 ± 1 099b	62 122 ± 949a
	海南	52 891 ± 3 289	53 573 ± 1 045b	67 083 ± 1 828a	64 875 ± 348a
多样性	广西	10.36 ± 0.02	10.47 ± 0.02b	10.51 ± 0.03ab	10.67 ± 0.06a
	海南	10.6 ± 0.05	10.62 ± 0.01	10.7 ± 0.03	10.68 ± 0.01
基因丰度	广西	441 149 ± 29 787	143 238 ± 4 043c	258 236 ± 3 966b	350 246 ± 3 772a
	海南	759 402 ± 121 689	236 441 ± 11 204b	475 634 ± 20 017a	423 111 ± 27 870a
特有探针	广西	143	2 771	4 122	9 784
	海南	557	1 090	9 732	9 138

注：不同小写字母表示处理间差异显著 ($P<0.05$)。

桉树取代天然次生林造林后，桉树人工林产生了许多特有的功能基因。与天然次生林相比，广西和海南 2 代桉树人工林土壤样品中分别检测到 2771 个和 1090 个特有探针，到 3 代的桉树林相对于天然次生林特有探针的数量分别增加到了 4122 个和 9732 个，第 4 代桉树林相对于天然次生林特有探针的数量持续增加到 9784 个和 9138 个 (表 4-10)。

天然次生林转变为桉树人工林后土壤宏基因组功能基因的丰度显著下降，但是随着桉树连栽代次的增加，功能基因的丰度表现出逐渐回升的趋势 (表 4-10)。

桉树连栽显著影响土壤微生物群落功能基因组成 (图 4-16)。主成分分析表明连栽 2 代、3 代、4 代桉树林在主成分 1 上的得分系数差异显著 ($P<0.05$)，主成分 1 分别可解释广西和海南桉树连栽人工林土壤微生物群落功能基因组成 55.6% 和 62.1% 的变异。

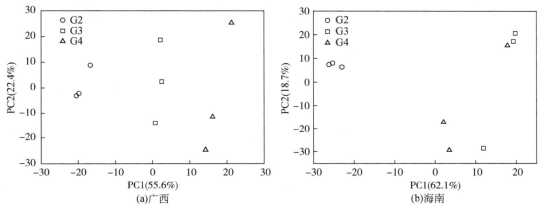

图 4-16　连栽桉树林土壤宏基因组的主成分分析

(2) 碳循环基因

天然次生林转变为桉树人工林后土壤碳循环基因探针的丰富度 (探针个数) 和多样性显著升高，但是碳循环功能基因的丰度显著下降 (表 4-11)。桉树连栽中，2 代桉树林的碳循环基因丰富度、多样性及丰度都是最低的。随连栽代次的增加，桉树人工林土壤微生物群落碳循环基因的丰富度、多样性及丰度都逐渐增加 (表 4-11)。

表 4-11　天然次生林和连栽桉树林土壤碳循环基因多样性及丰度

项目	地区	NSF	G2	G3	G4
探针个数	广西	7 232 ± 96	8 106 ± 96b	8 360 ± 174b	9 141 ± 147a
	海南	17 448 ± 1 012	17 740 ± 286b	21 673 ± 547a	21 118 ± 116a
多样性	广西	8.44 ± 0.02	8.55 ± 0.03b	8.60 ± 0.03ab	8.77 ± 0.07a
	海南	9.48 ± 0.05	9.51 ± 0.01	9.54 ± 0.03	9.53 ± 0.004
基因丰度	广西	61 517 ± 4 221	20 545 ± 647c	37 023 ± 550b	49 839 ± 437a
	海南	279 039 ± 45 511	86 825 ± 4 812b	176 665 ± 5 480a	156 951 ± 11 398a

注：不同小写字母表示处理间差异显著 ($P<0.05$)。

天然次生林转变为桉树人工工林后土壤碳固定关键基因丙酰辅酶 A/ 乙酰辅酶 A 羧化酶(Pcc/Acc)、一氧化碳脱氢酶及核酮糖二磷酸羧化酶 - 加氧酶基因丰度显著下降。但是随连栽代次的增加，以上三种碳固定关键基因的丰度呈现逐渐回升的状态 (图 4-17)。

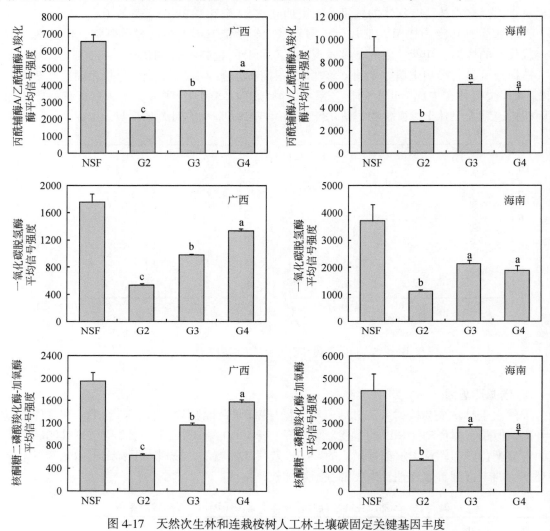

图 4-17　天然次生林和连栽桉树人工林土壤碳固定关键基因丰度

天然次生林转变为桉树人工林后土壤碳降解关键基因，包括降解淀粉的 α- 淀粉酶 *amyA*、环麦芽糖糊精水解酶 *cda*、葡糖淀粉酶和支链淀粉酶 *pulA*，降解半纤维素的阿拉伯呋喃糖酶 *ara*、木糖异构酶 *xylA* 和木聚糖酶，降解纤维素的纤维二糖酶、内切葡聚糖酶和外切葡聚糖酶，降解芳香化合物的环氧柠檬烯水解酶 *limEH*、香草醛脱氢酶 *vdh*、香子兰酸盐单加氧酶 *vanA*、异构柠檬酸酶 *aceA* 和苹果酸合酶 *aceB*，降解几丁质的乙酰葡糖胺糖苷酶、内切几丁质酶和外切几丁质酶，以及降解木质素的乙二醛氧化酶 *glx*、木质过氧化物酶 *lip*、锰过氧化物酶 *mnp* 和酚氧化酶基因的丰度都显著下降 (表 4-12)，但是以上这些碳降解关键酶基因的丰度随连栽代次的增加逐渐回升 (表 4-12)。

表4-12 天然次生林和连栽桉树人工林土壤碳降解关键基因丰度

项目	关键基因	广西				海南			
		NSF	G2	G3	G4	NSF	G2	G3	G4
淀粉	α-淀粉酶	5 386±387	1 781±62c	3 199±46b	4 310±47a	60 863±10 268	19 250±1 958b	38 894±3 850a	38 216±1 876a
	环麦芽糖糊精水解酶	1 125±86	355±14c	647±17b	946±33a	4 329±651	1 363±75b	2 349±61a	2 125±78a
	葡糖淀粉酶	988±94	383±6c	680±28b	934±16a	2 991±375	1 011±38b	2 072±271a	1 799±277ab
	支链淀粉酶	1 152±88	389±12c	723±9b	949±11a	3 349±574	1 048±75b	2 103±104a	1 864±135a
半纤维素	阿拉伯呋喃糖苷酶	2 640±154	875±33c	1 573±23b	2 208±54a	8 486±1 375	2 598±139b	5 041±223a	4 410±330a
	木糖异构酶	1 495±112	476±10c	872±21b	1 209±13a	3 803±514	1 178±51b	2 725±175a	2 526±160a
	木聚糖酶	1 148±92	407±12c	730±24b	978±19a	1 378±236	440±19b	1 014±46a	918±72a
纤维素	纤维二糖酶	1 819±101	646±34c	1 171±20b	1 594±34a	10 181±1 522	3 221±35b	6 632±1 113a	5 442±1 004ab
	内切葡聚糖酶	929±65	324±11c	583±12b	751±25a	4 509±652	1 405±57b	2 790±165a	2 476±208a
	外切葡聚糖酶	1 716±91	599±29c	1 083±13b	1 382±24a	1 569±292	518±18b	1 192±72a	1 097±81a
芳香化合物	环氧柠檬烯水解酶	385±40	109±3c	186±4b	253±7a	1 592±396	481±78b	1 076±52a	885±162ab
	香草醛脱氢酶	301±23	99±6c	171±3b	236±4a	915±126	275±11b	540±37a	463±48a
	香子兰酸盐单加氧酶	2 058±148	656±21c	1 194±11b	1 543±17a	4 311±662	1 341±70b	2 727±108a	2 373±237a
	异构柠檬酸酶	3 080±193	971±26c	1 731±10b	2 297±42a	5 590±961	1 726±93b	3 795±149a	3 284±260a
	苹果酸合酶	3 976±258	1 256±31c	2 278±63b	2 976±56a	8 470±1 319	2 618±118b	5 374±191a	4 741±392a
几丁质	乙酰葡萄糖胺糖苷酶	1 999±137	687±22c	1 256±27b	1 738±22a	11 475±2 223	3 376±211b	7 091±1 210a	5 200±1 186ab
	内切几丁质酶	4 041±272	1 392±44c	2 452±42b	3 345±35a	5 711±935	1 741±87b	3 785±213a	3 223±273a
	外切几丁质酶	376±25	124±4c	225±6b	276±6a	734±116	240±5b	475±56a	424±56ab
木质素	乙二醛氧化酶	492±41	175±10c	319±6b	435±12a	1 196±204	369±16b	627±33a	558±49a
	木质过氧化物酶	398±36	133±5c	233±3b	270±10a	514±87	165±5b	398±11a	371±16a
	锰过氧化物酶	436±15	130±5c	237±3b	292±2a	504±72	172±4b	354±11a	333±19a
	酚氧化酶	2 411±160	827±29c	1 512±29b	1 988±2a	6 131±1 017	1 908±92b	3 942±173a	3 560±247a

注：不同小写字母表示处理间差异显著（$P<0.05$）。

天然次生林转变为桉树人工林后土壤甲烷代谢关键基因，包括甲基辅酶 M 还原酶基因 *mcrA*、微粒型甲烷单加氧酶基因 *pmoA* 和甲烷单加氧酶基因 *mmoX* 的丰度都显著下降（图 4-18），但是以上三种土壤甲烷代谢关键基因的丰度随连栽代次的增加呈现出逐渐回升的趋势（图 4-18）。

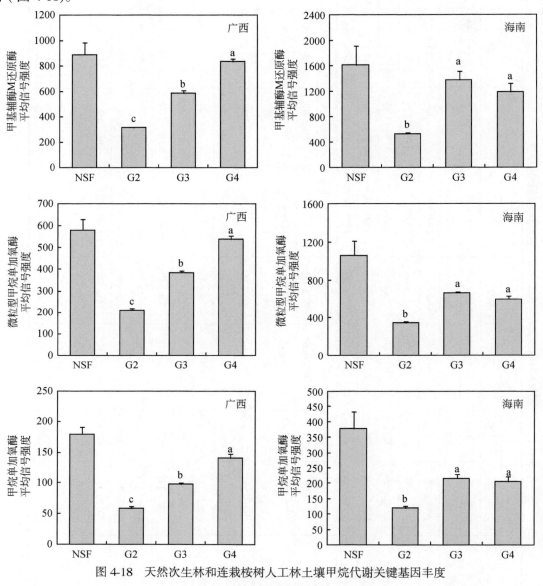

图 4-18　天然次生林和连栽桉树人工林土壤甲烷代谢关键基因丰度

注：不同小写字母表示处理间差异显著 (*P*<0.05)。

(3) 氮循环基因

天然次生林转变为桉树人工林后土壤氮循环基因探针的丰富度（探针个数）和多样性显著增加，但是氮循环功能基因的丰度显著下降（表 4-13）。桉树连栽中，2 代桉树林的氮循环基因丰富度、多样性及丰度都显著低于 3 代、4 代桉树林。随连栽代次的增加，桉树林土壤微生物群落氮循环基因的丰富度、多样性及丰度都逐渐增加（表 4-13）。

表 4-13　天然次生林和连栽桉树林土壤氮循环基因多样性及丰度

项目	地区	NSF	G2	G3	G4
探针个数	广西	4220 ± 52	4653 ± 46b	4819 ± 86b	5243 ± 77a
	海南	4705 ± 251	4761 ± 83b	5760 ± 150a	5611 ± 57a
多样性	广西	7.94 ± 0.02	8.07 ± 0.02b	8.11 ± 0.02ab	8.27 ± 0.06a
	海南	8.16 ± 0.04	8.19 ± 0.01	8.22 ± 0.03	8.21 ± 0.006
基因丰度	广西	33430 ± 2453	10784 ± 245c	19619 ± 364b	27087 ± 445a
	海南	73549 ± 10420	23169 ± 638b	44723 ± 2061a	41005 ± 2750a

注：不同小写字母表示处理间差异显著（$P<0.05$）。

广西桉树人工林氮固定 *nifH*、硝化作用相关的 *hao* 基因、反硝化相关的氧化亚氮还原酶基因 *nirK* 及异化氮还原过程中的硝酸还原酶基因 *napA* 占所有氮循环基因丰度的比例随着连栽代次的增加逐渐增加（表 4-14），氮矿化相关的脲酶基因 *narG* 和反硝化一氧化氮还原酶基因 *norB* 占所有氮循环基因丰度的比例随着连栽代次的增加逐渐降低。海南桉树人工林土壤氮循环各个过程相关的酶基因相对丰度随连栽代次变化不明显。

表 4-14　天然次生林和连栽桉树人工林土壤氮循环关键基因丰度占氮循环基因丰度的比例

项目	基因	广西				海南			
		NSF	G2	G3	G4	NSF	G2	G3	G4
氮固定	*nifH*	13.25 ± 0.18	14.01 ± 0.15b	14.11 ± 0.1b	14.98 ± 0.19a	16.54 ± 0.13	16.39 ± 0.76	15.36 ± 1.5	15.77 ± 1.49
氨化	*gdh*	1.11 ± 0.06	1.12 ± 0.05	1.05 ± 0.03	1.17 ± 0.07	4.24 ± 0.16	4.36 ± 0.26	4.92 ± 0.33	5.18 ± 0.64
	ureC	12.23 ± 0.11	11.63 ± 0.08a	11.53 ± 0.1ab	11.11 ± 0.15b	12.94 ± 0.22	12.81 ± 0.15	12.45 ± 0.19	12.21 ± 0.34
硝化	*amoA*	14.55 ± 0.24	14.83 ± 0.31	14.96 ± 0.18	14.5 ± 0.24	11.32 ± 0.07	11.36 ± 0.26	12.62 ± 0.19	12.21 ± 0.44
	hao	0.38 ± 0.02	0.43 ± 0b	0.49 ± 0.01a	0.48 ± 0.01a	0.61 ± 0.03	0.62 ± 0.007	0.56 ± 0.04	0.64 ± 0.1
反硝化	*narG*	18.5 ± 0.14	17.7 ± 0.16	17.36 ± 0.22	17.42 ± 0.12	17.31 ± 0.11	16.92 ± 0.18	16.14 ± 0.24	15.56 ± 0.47
	nirK	7.92 ± 0.07	7.79 ± 0.02b	7.82 ± 0.05ab	7.94 ± 0.02a	6.1 ± 0.16	6 ± 0.05	6.15 ± 0.03	6.03 ± 0.07
	nirS	8.78 ± 0.09	9.11 ± 0.12	9.07 ± 0.08	9.16 ± 0.06	7.6 ± 0.04	7.75 ± 0.15	7.78 ± 0.12	8.02 ± 0.23
	norB	1.71 ± 0.03	1.58 ± 0.03a	1.59 ± 0.01a	1.47 ± 0.03b	1.88 ± 0.04	1.84 ± 0.004	1.88 ± 0.04	1.84 ± 0.03
	nosZ	6.09 ± 0.03	5.94 ± 0.08	6 ± 0.11	5.64 ± 0.13	7.21 ± 0.12	7.42 ± 0.34	7.53 ± 0.29	8.08 ± 0.67
同化氮还原	*nir*	2.81 ± 0.12	2.89 ± 0.05	2.93 ± 0.1	2.93 ± 0.08	4.35 ± 0.08	4.3 ± 0.13	3.74 ± 0.26	3.71 ± 0.24
	nasA	2.97 ± 0.1	2.96 ± 0.06	2.97 ± 0.09	2.86 ± 0.02	2.64 ± 0.05	2.69 ± 0.04	2.65 ± 0.02	2.6 ± 0.06
异化氮还原	*napA*	3.37 ± 0.1	3.44 ± 0.1b	3.54 ± 0.02ab	3.75 ± 0.06a	2.52 ± 0.03	2.6 ± 0.03	2.89 ± 0.16	2.91 ± 0.13
	nrfA	3.78 ± 0.07	3.72 ± 0.09	3.78 ± 0.07	3.92 ± 0.12	3.27 ± 0.01	3.34 ± 0.08	3.46 ± 0.09	3.44 ± 0.11
厌氧氨氧化	*hzo*	0.22 ± 0	0.21 ± 0.01	0.18 ± 0.01	0.18 ± 0.02	0.23 ± 0.01	0.26 ± 0.01	0.22 ± 0.01	0.22 ± 0.01

注：不同小写字母表示处理间差异显著（$P<0.05$）。

4.2 桉树造林和连栽对土壤微生物群落功能的影响

本节采用 BIOLOG 生态板来研究土壤微生物在群落水平上的碳代谢生理特征。土壤微生物的碳代谢活性能很好地指示土壤微生物的活性，土壤微生物群落利用单一碳源的丰富度和多样性常用来反映土壤微生物的功能多样性 (Zheng et al., 2005)。BIOLOG 代谢多样性模式的变化与群落组成的变化相关 (Haack et al., 1995)。基于 BIOLOG 生态板的培养方法已被证明能够比较好地反映土壤微生物群落在代谢碳源方面的能力及多样性 (Campbell et al., 1997；Chen et al., 2010)。虽然结果只反映了土壤微生物群落在生态板培养期间的碳源利用情况并且生态板的碳源选择具有一定的局限性 (Preston-Mafham et al., 2002；Zheng et al., 2005)，但 BIOLOG 仍然不失为一种快速、灵敏、能同时比较多种土壤微生物群落功能特征的方法。此外，土壤微生物在功能上的多样性也可以提供土壤微生物群落在分类上的多样性的最低估计 (Stephan et al., 2000)。

土壤酶活性直接影响着有机物的周转速率。酚氧化酶和过氧化酶的活性不仅反映土壤质量，也与桉属 (Zhang and Fu，2009，2010) 物种化感物质的产生息息相关。而土壤蛋白酶和脲酶的活性则显著影响着森林土壤的氮矿化。酸性磷酸酶可激活磷的矿化，在提高土壤磷有效性的方面具有重要作用。

4.2.1 桉树人工林取代天然次生林对土壤微生物群落功能的影响

4.2.1.1 碳源代谢功能

本节利用以群落水平碳源利用类型为基础的 BIOLOG 氧化还原技术来表述土壤微生物群落的代谢功能特征。

(1) 碳代谢活性

如图 4-19 所示，与土壤微生物群落结构不同，土壤微生物群落的碳源代谢活性在两个

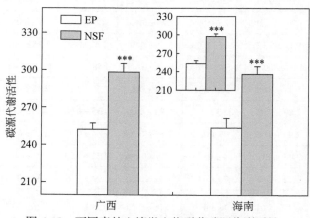

图 4-19 不同森林土壤微生物群落碳源代谢活性

*** 表示 $P<0.001$。

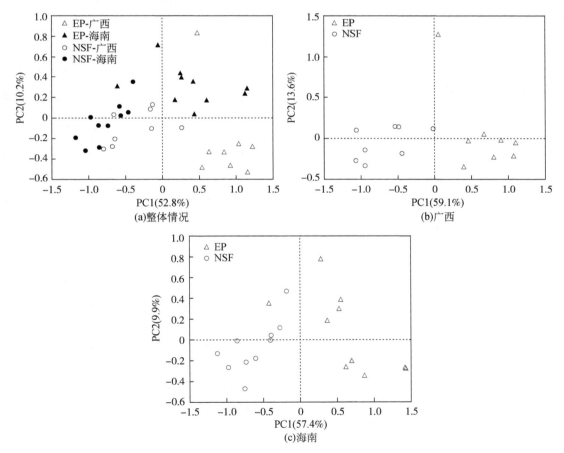

研究区域之间没有表现出显著差异。与天然次生林相比，桉树的引种显著降低了土壤微生物群落的碳源代谢活性 ($P<0.001$)。

(2) 碳源利用方式

土壤微生物群落培养 72 h 后对 31 种单一碳源利用的主成分分析可以提供外来种桉树的种植影响土壤微生物群落碳代谢方式的部分信息。对培养 72 h 后土壤微生物群落利用单一碳源的情况进行主成分分析，结果表明与天然次生林相比，桉树的引种显著改变了土壤微生物群落的碳源代谢功能。如图 4-20 所示，天然次生林与桉树人工林地土壤微生物群落碳代谢的差异主要表现在主成分 1 上，主成分 1 可以解释变异的 52.8%，两个研究区域天然次生林土壤微生物群落的碳源利用没有显著差异，两地桉树人工林在主成分 2 上差异显著。不管是在广西还是海南，桉树的引种都导致土壤微生物群落碳源利用方式的显著改变，主成分 1 分别能解释广西和海南 59.1% 和 57.4% 的分异，而桉树人工林与天然次生林在主成分 1 上的得分系数具有显著差异 ($P<0.001$)。

图 4-20 不同森林土壤微生物群落单一碳源利用的主成分分析

与主成分 1 具有较高相关系数的碳源见表 4-15。31 种单一碳源中，有 20 种碳源对广西的桉树人工林和天然次生林在主成分 1 上的得分系数起分异作用，对海南桉树人工林和天然次生林在主成分1上的得分系数起分异作用的碳源有22种。结合图4-20和表4-15可以看出，培养72 h后，桉树人工林土壤微生物群落对 β- 甲基 -D- 葡萄糖苷、D- 木糖醇、D- 甘露醇、N- 乙酰基 -D- 葡萄糖胺、D- 纤维糖、α-D- 乳糖、D- 半乳糖 -γ- 内酯、甲叉丁二酸、D- 苹果酸、L- 精氨酸、L- 天冬酰胺酸、L- 丝氨酸、葡萄糖 -1- 磷酸、吐温 80、苯乙胺、腐胺等碳源的利用能力都显著低于天然次生林的土壤微生物群落 (P<0.05)。这也验证了上述对土壤微生物群落碳源代谢总体活性差异的解释机制。

表 4-15　与 PC1 相关显著的培养基

类型	项目	PC1		
		(a)	(b)	(c)
糖类	β- 甲基 -D- 葡糖苷酶 (β-methyl-D-glucoside)	−0.722**	−0.808**	−0.635**
	D- 木糖醇 (D-xylose)	−0.711**	−0.865**	−0.595**
	1- 赤藻糖醇 (1-erythritol)	−0.445**	—	−0.500*
	D- 甘露醇 (D-mannitol)	−0.677**	−0.671**	−0.686**
	N- 乙酰基 -D- 葡萄糖胺 (N-acetyl-D-glucosamine)	−0.708**	−0.812**	−0.601**
	D- 纤维糖 (D-cellobisoe)	−0.890**	−0.939**	−0.808**
	α-D- 乳糖 (α-D-lactose)	−0.500**	−0.750**	−0.478*
羧酸类	D- 半乳糖 -γ- 内酯 (D-galactonic acid γ-lactone)	−0.662**	−0.634**	−0.780**
	D- 半乳糖醛酸 (D-galacturonic acid)	—	—	−0.450*
	2- 羟基安息香酸 (2-hydroxy benzoic Acid)	—	—	—
	4- 羟基安息香酸 (4-hydroxy benzoic acid)	−0.633**	—	−0.853**
	γ- 羟基酪酸 (γ-hydroxy butyric acid)	—	—	—
	D- 葡萄胺酸 (D-glucosaminic acid)	—	−0.498*	−0.650**
	甲叉丁二酸 (itaconic acid)	−0.826**	−0.701**	−0.871**
	α- 酮酪酸 (α-ketobutyric acid)	—	—	—
	D- 苹果酸 (D-malic acid)	−0.739**	−0.568*	−0.784**
氨基酸类	L- 精氨酸 (L-arginine)	−0.838**	−0.749**	−0.885**
	L- 天冬酰胺酸 (L-asparagine)	−0.766**	−0.724**	−0.824**
	L- 苯丙氨酸 (L-phenylalanine)	—	—	—
	L- 丝氨酸 (L-serine)	−0.904**	−0.927**	−0.885**
	L- 苏氨酸 (L-threonine)	—	−0.626**	—
	氨基乙酰基 -L- 谷氨酸 (glycyl-L-glutamic acid)	—	−0.759**	—

续表

类型	项目	PC1		
		(a)	(b)	(c)
其他	甲基丙酮酸 (pyruvic acid methyl ester)	—	—	−0.650**
	葡萄糖 -1- 磷酸 (glucose-1-phosphate)	−0.666**	−0.760**	−0.532*
	D , L-α- 磷酸甘油酯 (D , L-α-glycerol phosphate)	—	−0.771**	—
聚合物类	吐温 40(Tween 40)	—	—	−0.487*
	吐温 80(Tween 80)	−0.620**	−0.785**	−0.553*
	α- 环糊精 (α-cyclodextrin)	—	—	—
	糖原 (glycogen)	−0.347*	—	—
胺类	苯乙胺 (phenylethylamine)	−0.843**	−0.797**	−0.856**
	腐胺 (putrescine)	−0.596**	−0.690**	−0.743**

* 表示 $P<0.05$；** 表示 $P<0.01$。

(3) 碳代谢多样性

由于在上述碳源的利用上存在差异，如图 4-21 所示，培养 72 h 后，桉树人工林地土壤微生物群落利用碳源的丰富度及多样性都显著低于天然次生林（$P<0.001$）。广西和海南桉树人工林土壤微生物群落利用碳源的种类分别为 19.3 种和 17.7 种，而天然次生林土壤微生物群落利用碳源的种类分别为 25.8 种和 23.4 种。广西和海南桉树人工林土壤微生物群落利用碳源的多样性指数分别为 2.97 和 2.89，而天然次生林土壤微生物群落利用碳源的多样性指数分别为 3.18 和 3.10。

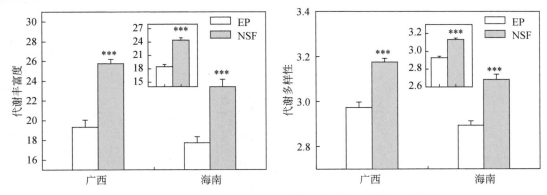

图 4-21　不同森林土壤微生物群落碳源代谢的丰富度及多样性

*** 表示 $P<0.001$。

土壤微生物群落的碳代谢功能与森林生态系统养分循环过程息息相关，已有研究同样发现外来种造林导致森林或者土壤生态系统中土壤微生物群落碳代谢功能的下降 (Zheng et al., 2005；Wang et al., 2011)。本节中桉树人工林的土壤微生物群落相对于天然次生林具有较低的碳代谢功能，表明天然次生林向外来种桉树人工林的转变导致土壤质量、土壤微生物群落多样性及生态系统功能的下降。

4.2.1.2 土壤酶活性

桉树人工林取代天然次生林导致土壤碳、氮、磷循环相关酶活性发生显著改变（表 4-16）。与天然次生林相比，桉树人工林土壤 β-1,4- 葡糖苷酶的活性降低，在海南达到显著水平 ($P<0.01$)。海南桉树人工林土壤 β- 木糖苷酶的活性显著低于天然次生林 ($P<0.01$)。海南两种森林土壤纤维素酶活性显著低于广西森林土壤，两种森林类型间以天然次生林土壤纤维素酶的活性较高，但是差异没达到显著水平。酚氧化酶活性在两个研究区域表现出不同的规律，广西桉树人工林土壤酚氧化酶活性显著低于天然次生林 ($P<0.05$)，海南桉树人工林土壤酚氧化酶活性则显著低于天然次生林 ($P<0.01$)。广西桉树人工林土壤过氧化物酶的活性显著低于天然次生林 ($P<0.05$)，海南两种林型土壤过氧化物酶的活性则差异不显著。虽然海南两种森林土壤氮矿化相关蛋白酶和脲酶的活性都显著高于广西，但是在同一研究区域内，桉树人工林取代天然次生林导致土壤蛋白酶和脲酶活性的显著下降。海南两种森林土壤酸性磷酸酶的活性显著高于广西，但是酸性磷酸酶活性在两种森林类型间差异不显著。

表 4-16 天然次生林和桉树林土壤酶活性

项目	整体均值		广西		海南	
	天然次生林	桉树人工林	天然次生林	桉树人工林	天然次生林	桉树人工林
BG			120.12 ± 7.85	113.42 ± 5.03	3.39 ± 0.54**	1.88 ± 0.29
BX					0.66 ± 0.13**	0.34 ± 0.08
CBH	1.17 ± 0.22	0.95 ± 0.16	1.83 ± 0.33	1.26 ± 0.24	0.65 ± 0.16	0.71 ± 0.18
POX			0.13 ± 0.02*	0.07 ± 0.01	0.13 ± 0.04	0.34 ± 0.06**
PER			0.41 ± 0.04*	0.25 ± 0.03	1.02 ± 0.11	1.05 ± 0.20
PRO	3.38 ± 0.59**	2.13 ± 0.37	0.86 ± 0.08**	0.57 ± 0.05	5.41 ± 0.42**	3.37 ± 0.29
URE	277.8 ± 46.5**	164.9 ± 24.0	89.3 ± 6.5*	75.8 ± 4.7	428.6 ± 40.6**	236.4 ± 25.9
APS	207.0 ± 31.0	223.7 ± 47.0	153.2 ± 11.0	127.9 ± 10.0	254.7 ± 51.3	308.8 ± 75.5

注：BG，β-1,4-Glucosidase，β-1,4- 葡糖苷酶（广西实验酶活性单位为 $\mu mol \cdot h^{-1} \cdot g^{-1}$，海南实验酶活性单位为 $nmol \cdot h^{-1} \cdot g^{-1}$）；BX，$\beta$-xylosidase，$\beta$- 木糖苷酶 ($nmol \cdot h^{-1} \cdot g^{-1}$)；CBH，cellobiohydrolase，纤维二糖水解酶 ($nmol \cdot h^{-1} \cdot g^{-1}$)；POX，phenoloxidases，酚氧化酶（广西实验酶活性单位为 $abs \cdot h^{-1} \cdot g^{-1}$，海南实验酶活性单位为 $\mu mol \cdot h^{-1} \cdot g^{-1}$）；PER，peroxidases，过氧化物酶（广西实验酶活性单位为 $abs \cdot h^{-1} \cdot g^{-1}$，海南实验酶活性单位为 $\mu mol \cdot h^{-1} \cdot g^{-1}$）；PRO，protease，蛋白酶 ($mg\ h^{-1} \cdot g^{-1}$)；URE，urease，脲酶 ($\mu g \cdot h^{-1} \cdot g^{-1}$)；APS，acid phosphatases，酸性磷酸酶 ($\mu mol \cdot h^{-1} \cdot g^{-1}$)。

* 表示 $P<0.05$；** 表示 $P<0.01$。

土壤酶的活性与其相应的功能基因的丰度显著正相关。桉树人工林取代天然次生林后，不管是所有功能基因的总丰度，还是具体碳、氮过程相关的功能基因的丰度都显著降低（表 4-3，表 4-5，表 4-7，图 4-5 ~ 图 4-7）。将不同酶的活性与其对应基因的丰度做回归分析，结果如图 4-22 所示，土壤木质素降解酶，酚氧化酶的活性随着土壤中酚氧化酶基因丰度的增加而增强，过氧化物酶的活性也与土壤中过氧化物酶基因丰度的变化方向一致。土壤氮矿化酶，蛋白酶的活性随着土壤中蛋白酶基因丰度的升高而升高，脲酶的活性也随土壤中脲酶基因丰度的增加显著增强。

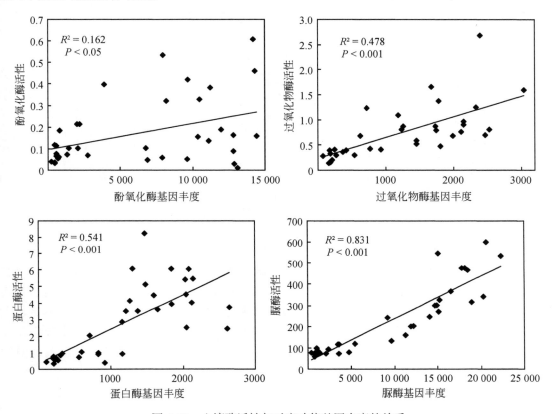

图 4-22　土壤酶活性与对应功能基因丰度的关系

4.2.2　桉树连栽对土壤微生物群落功能的影响

4.2.2.1　碳源代谢功能

(1) 碳代谢活性

桉树连栽与研究区域对土壤微生物群落碳代谢功能的影响存在显著的交互效应（表4-17）。

表 4-17　天然次生林和连栽桉树林土壤微生物碳代谢功能的双因素方差分析

项目	连栽		地理位置		连栽 × 地理位置	
	F	显著性	F	显著性	F	显著性
代谢活性	0.28	0.782	43.62	0.022	50.88	<0.001
代谢丰富度	1.49	0.402	0.003	0.962	68.60	<0.001
代谢多样性	3.07	0.246	0.34	0.619	18.25	<0.001

广西桉树人工林地土壤微生物群落的碳代谢活性显著高于海南桉树人工林。土壤微生物群落碳代谢活性与桉树连栽代次的关系在两研究区域的表现不一致，在广西表现为随连栽代次的增加而增加，在海南则表现为随连栽代次的增加而降低（图 4-23）。

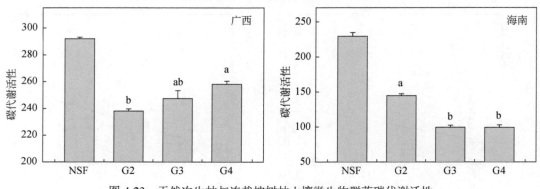

图 4-23　天然次生林与连栽桉树林土壤微生物群落碳代谢活性

注：不同小写字母表示处理间差异显著 ($P<0.05$)。

(2) 碳源利用方式

土壤微生物群落培养 72 h 后对 31 种单一碳源利用的主成分分析可以提供桉树连栽影响土壤微生物群落碳代谢方式的部分信息 (Chen et al., 2013c)。对培养 72 h 后土壤微生物群落利用单一碳源的情况进行主成分分析，结果表明不管是在广西还是海南，桉树连栽都显著改变了土壤微生物群落的碳源代谢方式。如图 4-24 所示，连栽桉树林地土壤微生物群落碳代谢的差异主要表现在主成分 1 上，主成分 1 分别可以解释广西和海南土壤微生物群落碳源代谢方式变异的 72.4% 和 88.0%($P<0.001$)。

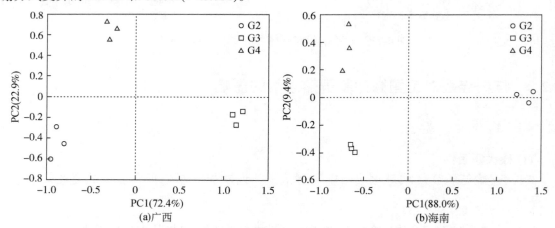

图 4-24　连栽桉树林土壤微生物群落单一碳源利用的主成分分析

(3) 碳代谢多样性

土壤微生物群落利用碳源的丰富度和多样性与桉树连栽代次的关系在两研究区域的表现一致，都随连栽代次的增加表现为降低趋势（图 4-25）。

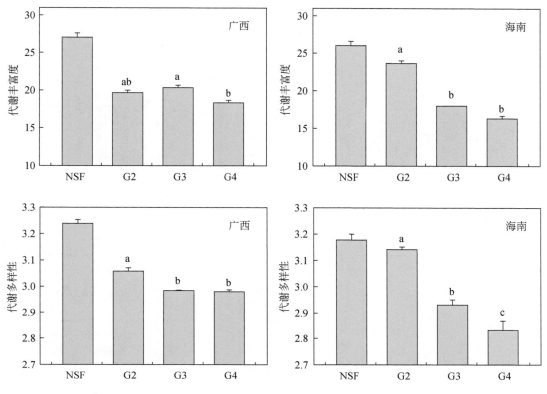

图 4-25　天然次生林与连栽桉树林土壤微生物群落碳代谢多样性

注：不同小写字母表示处理间差异显著 (*P*<0.05)。

4.2.2.2　土壤酶活性

广西桉树人工林土壤纤维二糖水解酶的活性随连栽代次增加而升高，但差异不显著，海南不同连栽代次桉树林土壤纤维二糖水解酶的活性表现为 G3>G4>G2。广西 2 代桉树人工林土壤 β- 葡糖苷酶的活性显著高于 3 代、4 代桉树林，海南不同连栽代次桉树林土壤 β- 葡糖苷酶的活性差异不显著。广西桉树人工林土壤酚氧化酶和过氧化物酶的活性随连栽代次增加而升高，海南桉树人工林土壤酚氧化酶和过氧化物酶的活性随连栽代次增加而降低（图 4-26）。

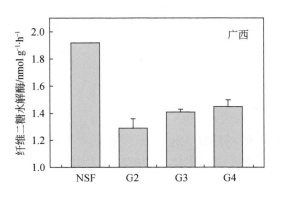

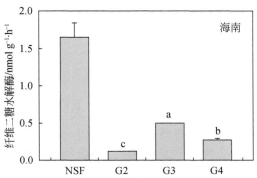

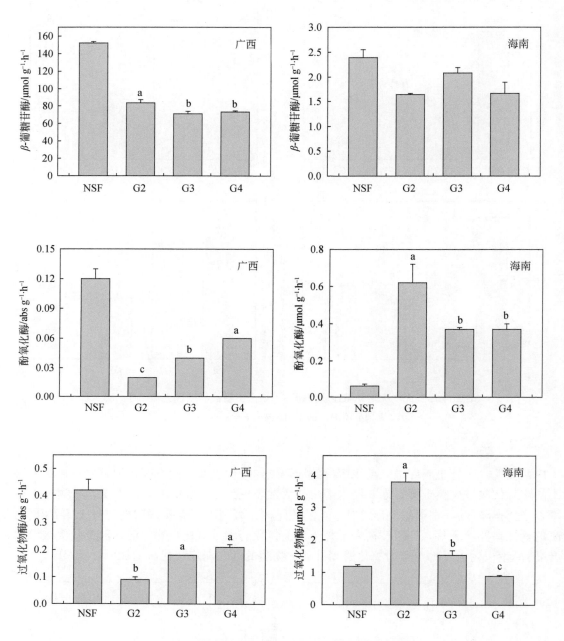

图 4-26 天然次生林与连栽桉树林土壤碳矿化相关酶活性

注：不同小写字母表示处理间差异显著 ($P<0.05$)。

广西不同连栽代次桉树林土壤蛋白酶和脲酶的活性以 3 代最高。海南桉树林土壤蛋白酶活性表现为 G2<G3/G4，脲酶的活性随连栽代次增加而增加（图 4-27）。广西和海南桉树林的土壤酸性磷酸酶的活性都随连栽代次增加而增加（图 4-28）。

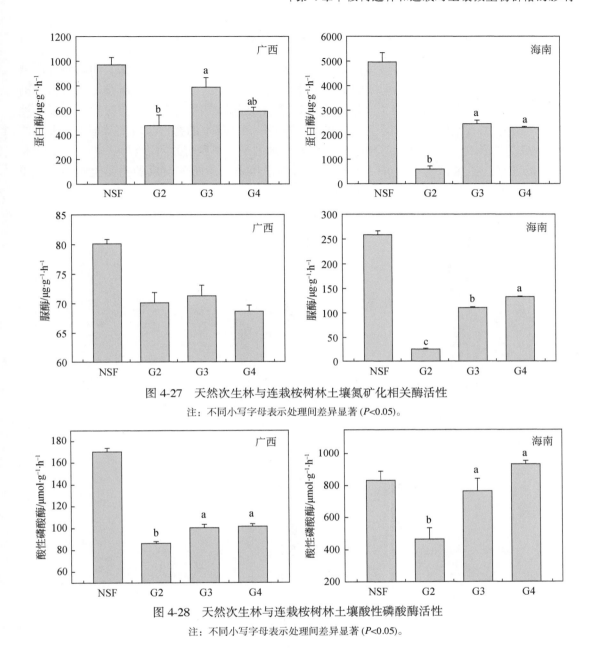

图 4-27　天然次生林与连栽桉树林土壤氮矿化相关酶活性

注：不同小写字母表示处理间差异显著 (*P*<0.05)。

图 4-28　天然次生林与连栽桉树林土壤酸性磷酸酶活性

注：不同小写字母表示处理间差异显著 (*P*<0.05)。

4.3　桉树造林和连栽影响土壤微生物群落的因素

4.3.1　桉树人工林取代天然次生林影响土壤微生物群落的因素

桉树取代天然次生林造林后，土壤微生物群落的结构和功能发生了显著的改变，而这些变化与森林类型转变导致的环境因子的改变有关。

4.3.1.1 土壤微生物群落磷脂脂肪酸组成与植物群落和土壤特征的关系

土壤微生物群落磷脂脂肪酸组成与环境因子的冗余分析(图 4-29)结果表明两研究区域在第 1 轴上差异显著,主要与海南森林的草本丰富度、盖度、土壤 pH、碱解氮、有机碳高于广西森林有关。第 1 轴代表了土壤微生物群落磷脂脂肪酸组成 67.3% 的变异,解释了环境因子与微生物群落磷脂脂肪酸组成之间关系的 86.7%。草本的物种丰富度及盖度、乔木的物种丰富度是影响土壤磷脂脂肪酸组成的主要植物因子,单独分别可解释 43.3%、26.2% 和 13.9% 的变异。土壤碱解氮、pH、有机碳是影响土壤磷脂脂肪酸组成的主要土壤因子,单独分别可解释 57.6%、47.4% 和 13.6% 的变异。

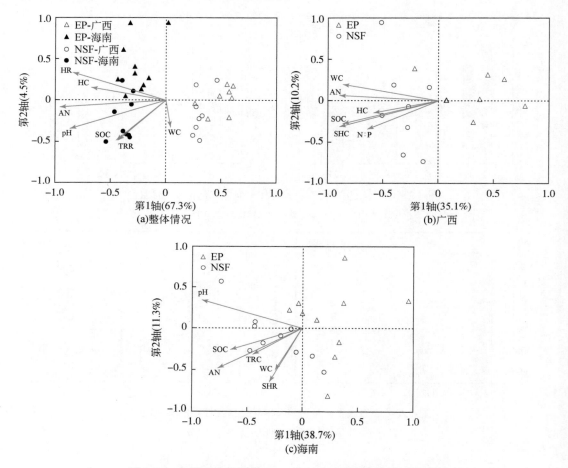

图 4-29　土壤微生物群落 PLFA 组成与环境因子的冗余分析

注:TRR,乔木物种丰富度;SHR,灌木物种丰富度;HR,草本物种丰富度;TRC,乔木层盖度;SHC,灌木层盖度;HC,草本层盖度;WC,土壤含水量;SOC,土壤有机碳;AN,碱解氮;N∶P,氮磷比。

广西桉树人工林和天然次生林在第 1 轴上差异显著,主要与广西桉树人工林的林下层植被盖度、土壤水分及碳、氮资源可利用性低于天然次生林有关。第 1 轴代表了土壤微生物群落磷脂脂肪酸组成 35.1% 的变异,解释了环境因子与微生物群落磷脂脂肪酸组成之间关系的 64.6%。林下灌木和草本的盖度是影响土壤磷脂脂肪酸组成的主要植物因子，累积可解释 30.4% 的变异。土壤含水量、碱解氮、有机碳、氮磷比是影响土壤磷脂脂肪酸组成的主要土壤因子，累积可解释 46.1% 的变异。

海南的桉树人工林和天然次生林土壤微生物群落磷脂脂肪酸组成的差异与海南桉树人工林的乔木盖度、灌木丰富度、土壤含水量、pH、碱解氮、有机碳低于天然次生林有关（图 4-29）。第 1 轴代表了土壤微生物群落磷脂脂肪酸组成 38.7% 的变异，解释了环境因子与微生物群落磷脂脂肪酸组成之间关系的 63.7%；第 2 轴代表了土壤微生物群落磷脂脂肪酸组成 11.3% 的变异，解释了环境因子与微生物群落磷脂脂肪酸组成之间关系的 17.1%。乔木盖度及灌木的物种丰富度是影响土壤磷脂脂肪酸组成的主要植物因子，累积可解释 20.0% 的变异。土壤含水量、pH、碱解氮、有机碳是影响土壤磷脂脂肪酸组成的主要土壤因子，累积可解释 51.5% 的变异。

环境因子与土壤微生物生物量的相关分析表明乔木盖度与土壤含水量（海南 $r=0.670$，$P<0.01$）、有机碳（海南 $r=0.524$，$P<0.05$）、碱解氮（海南 $r=0.573$，$P<0.01$）含量显著正相关；林下层灌木的丰富度与土壤含水量（海南 $r=0.737$，$P<0.01$）、有机碳（广西 $r=0.439$，$P<0.05$，海南 $r=0.597$，$P<0.01$）、碱解氮（广西 $r=0.578$，$P<0.05$，海南 $r=0.593$，$P<0.01$）显著正相关；林下层草本的盖度与土壤含水量（广西 $r=0.483$，$P<0.05$）及有机碳（广西 $r=0.500$，$P<0.05$）含量呈现显著正相关关系；林下层灌木的盖度与土壤含水量（广西 $r=0.662$，$P<0.01$）、有机碳（广西 $r=0.707$，$P<0.01$）及碱解氮（广西 $r=0.663$，$P<0.01$）的含量显著正相关。以上这些植物和土壤因子与土壤微生物群落的生物量碳、氮、革兰氏阳性菌、革兰氏阴性菌、细菌、菌根真菌、真菌、放线菌及 PLFA 总量都呈现显著正相关关系（表 4-18），即林地乔木层盖度、林下灌木层丰富度、灌草盖度越高，土壤水分及碳、氮资源的可利用性越高，土壤微生物的生物量也越高。

表 4-18 环境因子与土壤微生物生物量的关系

项目	地区	TRC	SHR	SHC	WC	SOC	AN
MBC	广西		0.541*	0.574*	0.596*	0.763**	0.827**
	海南	0.768**	0.803**		0.748**	0.844**	0.893**
MBN	广西		0.483*	0.556*	0.700**	0.788**	0.892**
	海南	0.668**	0.719**		0.743**	0.784**	0.831**
GP	广西		0.468*	0.664**	0.764**	0.901**	0.672**
	海南	0.735**	0.789**	0.404*	0.645**	0.474*	0.656**
GN	广西			0.775**	0.804**	0.858**	0.705**
	海南	0.811**	0.832**	0.440*	0.708**	0.502*	0.641**
Bac	广西		0.448*	0.696**	0.779**	0.894**	0.688**
	海南	0.770**	0.811**	0.420*	0.674**	0.489*	0.656**

项目	地区	TRC	SHR	SHC	WC	SOC	AN
Fungi	广西		0.482*	0.610*	0.733**	0.774**	0.551*
	海南	0.801**	0.845**		0.702**	0.572**	0.672**
AMF	广西			0.732**	0.772**	0.836**	0.738**
	海南	0.809**	0.753**		0.654**	0.645**	0.795**
Actin	广西	0.476*		0.665**	0.697**	0.793**	0.572*
	海南	0.725**	0.768**	0.390*	0.651**	0.447*	0.622**
TPLFA	广西		0.451*	0.691**	0.667**	0.779**	0.872**
	海南	0.782**	0.818**	0.413*	0.678**	0.487**	0.646**

注：SHR，灌木物种丰富度；TRC，乔木层盖度；SHC，灌木层盖度；WC，土壤含水量；SOC，土壤有机碳；AN，碱解氮；MBC，土壤微生物生物量碳；MBN，土壤微生物生物量氮；GP，革兰氏阳性菌；GN，革兰氏阴性菌；Bac，细菌；AMF，丛枝菌根真菌；Fungi，真菌；Actin，放线菌；T-PLFA，PLFA 总量。

* 表示 $P<0.05$；** 表示 $P<0.01$。

环境因子与土壤微生物群落磷脂脂肪酸比值的相关分析（表 4-19）表明土壤饱和直链脂肪酸/单不饱和脂肪酸的比值 (SAT/MONO) 与灌木物种丰富度、土壤含水量、有机碳、碱解氮含量显著负相关，在广西还与林下灌木层和草本层的盖度显著负相关，在海南还受乔木层盖度的影响。革兰氏阳性菌/革兰氏阴性菌的比值 (GP/GN) 与土壤含水量、有机碳、碱解氮含量显著负相关，与植物因子的关系表现为在广西林下灌木层和草本层盖度的影响与之显著负相关，在海南则与乔木层盖度、灌木物种丰富度显著负相关。cy19：0 与其前体脂肪酸 18：1ω7c 的比值在广西与土壤含水量、有机碳、碱解氮含量显著负相关，在海南与土壤有机碳、碱解氮含量显著负相关。Iso/anteiso 脂肪酸的比值 (I/A) 在广西与林下灌木物种丰富度、土壤含水量、碱解氮的含量呈现显著负相关，在海南与土壤有机碳、碱解氮含量显著负相关。以上结果表明森林乔木层盖度及林下层植被的丰富度和多样性盖度越高，土壤水分及碳、氮资源的可利用性越高，土壤微生物的受生理胁迫的程度越低。

表 4-19　环境因子与土壤微生物群落磷脂脂肪酸比值的关系

项目	地区	TRC	SHR	SHC	HC	WC	SOC	AN
SAT /MONO	广西		-0.428*	-0.801**	-0.434	-0.657**	-0.780**	-0.768**
	海南	-0.547*	-0.698**			-0.677**	-0.789**	-0.843**
GP/GN	广西			-0.820**	-0.554*	-0.661**	-0.751**	-0.676**
	海南	-0.651**	-0.637**			-0.670**	-0.573**	-0.496**
cy19：0 /18：1ω7c	广西			-0.580*		-0.689**	-0.504	-0.594*
	海南						-0.406*	-0.557*
I/A	广西		-0.621*			-0.555*		-0.733**
	海南						-0.587**	-0.623**

注：SHR，灌木物种丰富度；TRC，乔木层盖度；SHC，灌木层盖度；HC，草本层盖度；WC，土壤含水量；SOC，土壤有机碳；AN，碱解氮；SAT/MONO，饱和直链/单不饱和脂肪酸；GP/GN，革兰氏阳性/阴性菌；I/A，异构/反异构支链磷脂脂肪酸。

* 表示 $P<0.05$；** 表示 $P<0.01$。

4.3.1.2 土壤微生物群落功能基因组成与植物群落和土壤特征的关系

土壤微生物群落功能基因组成与环境因子的冗余分析（图 4-30）结果表明广西桉树人工林和天然次生林在第 1 轴上差异显著，主要与广西桉树人工林的林下层植被盖度、土壤水分及碳、氮资源可利用性低于天然次生林有关。第 1 轴代表了土壤微生物群落磷脂脂肪酸组成61.7% 的变异。林下灌木层和草本层的盖度是影响土壤微生物群落功能基因组成的主要植物因子。土壤含水量、碱解氮、有机碳、氮磷比是影响土壤微生物群落功能基因组成的主要土壤因子。

海南的桉树人工林和天然次生林土壤微生物群落磷脂脂肪酸组成的差异与海南桉树人工林的乔木层盖度、灌木物种丰富度、土壤含水量、pH、碱解氮、有机碳低于天然次生林有关。第 1 轴代表了土壤微生物群落磷脂脂肪酸组成 28.2% 的变异；第 2 轴代表了土壤微生物群落磷脂脂肪酸组成 9.7% 的变异。

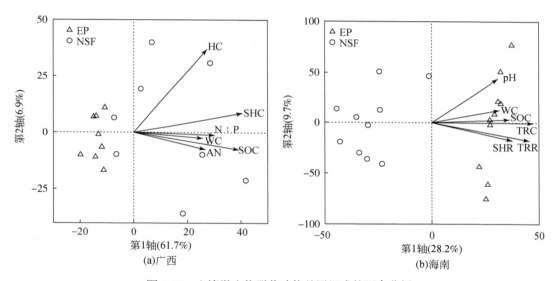

图 4-30　土壤微生物群落功能基因组成的冗余分析

注：TRR，乔木物种丰富度；SHR，灌木物种丰富度；TRC，乔木层盖度；SHC，灌木层盖度；HC，草本层盖度；WC，土壤含水量；SOC，土壤有机碳；AN，碱解氮；N∶P，氮磷比。

4.3.1.3 土壤微生物群落碳源代谢功能与植物群落和土壤特征的关系

土壤微生物群落碳源代谢类型与环境因子的冗余分析结果表明两研究区域间土壤微生物群落碳源代谢的差异与海南森林草本物种的丰富度、灌木层和草本层盖度及土壤碱解氮有较高的相关性（图 4-31）。第 1 轴代表了土壤微生物群落碳源代谢 22.9% 的变异，解释了环境因子与微生物群落碳源代谢之间关系的 59.2%，第 2 轴代表了土壤微生物群落碳源代谢9.8% 的变异，解释了环境因子与微生物群落碳源代谢之间关系的 25.3%。乔木和草本的物种丰富度及林下灌木层和草本层的盖度是影响土壤微生物群落碳源代谢的主要植物因子，累积可解释 40.5% 的变异。土壤有机碳、碱解氮是影响土壤微生物群落碳源代谢的主要土壤因子，可解释 29.9% 的变异。

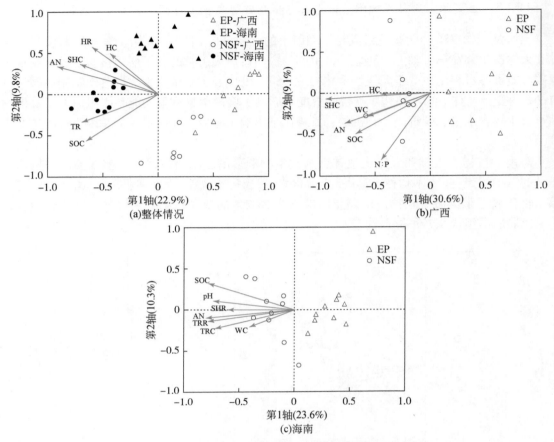

图 4-31 培养 72 h 土壤微生物群落碳源利用的冗余分析

注：TRR，乔木物种丰富度；SHR，灌木物种丰富度；HR，草本物种丰富度；TRC，乔木层盖度；SHC，灌木层盖度；HC，草本层盖度；WC，土壤含水量；SOC，土壤有机碳；AN，碱解氮；N∶P，氮磷比。

广西桉树人工林和天然次生林在第 1 轴上差异显著，主要与广西桉树人工林的林下层植被盖度、土壤水分及碳、氮资源可利用性低于天然次生林有关。第 1 轴代表了土壤微生物群落碳源代谢 30.6% 的变异，解释了环境因子与微生物群落碳源代谢之间关系的 58.8%；第 2 轴代表了土壤微生物群落碳源代谢 9.1% 的变异，解释了环境因子与微生物群落碳源代谢之间关系的 9.3%。林下灌木层和草本层的盖度是影响土壤微生物群落碳源代谢的主要植物因子，累积可解释 31.6% 的变异。土壤含水量、碱解氮、有机碳、氮磷比是影响土壤磷脂脂肪酸组成的主要土壤因子，累积可解释 33.4% 的变异。

海南的桉树人工林和天然次生林在第 1 轴上差异显著，主要与海南桉树人工林的乔木物种丰富度及盖度、灌木物种丰富度、土壤水分、pH 及碳、氮资源可利用性低于天然次生林有关。第 1 轴代表了土壤微生物群落碳源代谢 23.6% 的变异，解释了环境因子与微生物群落碳源代谢之间关系的 48.6%；第 2 轴代表了土壤微生物群落碳源代谢 10.3% 的变异，解释了环境因子与微生物群落碳源代谢之间关系的 11.1%。乔木的物种丰富度及盖度、灌木的物种丰富度是影响土壤微生物群落碳源代谢的主要植物因子，累积可解释 42.2% 的变异。

土壤含水量、pH、碱解氮、有机碳是影响土壤微生物群落碳源代谢的主要土壤因子，累积可解释 44.2% 的变异。

环境因子与土壤微生物群落碳代谢功能及酶活性的相关分析表明林下灌木层、草本层的盖度、土壤含水量、有机碳及碱解氮的含量，以及这些环境因子与土壤微生物群落碳代谢的活性、丰富度及多样性都呈现出显著正相关关系 (表 4-20)。这些植物、土壤因子也显著影响与土壤碳矿化相关的纤维二糖水解酶、过氧化物酶、酚氧化酶；与氮矿化相关的蛋白酶、脲酶与磷矿化相关的酸性磷酸酶的活性。海南森林土壤微生物群落的碳代谢功能和酶活性还受林地乔木层盖度和灌木物种丰富度的影响并呈现显著正相关关系。以上结果说明森林乔木层盖度、林下灌木物种的丰富度、灌木层和草本层盖度越高，土壤水分及碳、氮资源的可利用性越高，土壤微生物的碳代谢功能越强，土壤酶的活性也越高。

表 4-20　环境因子与土壤微生物群落碳代谢功能及酶活性的关系

项目	地区	TRC	SHR	SHC	HC	WC	SOC	AN
代谢活性	广西			0.744**	0.647		0.517*	0.475*
	海南	0.608**	0.519*			0.495*	0.660**	0.682**
代谢丰富度	广西			0.856**	0.621*	0.591*	0.639**	0.647**
	海南	0.662**	0.490*			0.403	0.687**	0.691**
代谢多样性	广西			0.817**	0.632**	0.632**	0.698**	0.664**
	海南	0.704**	0.517*			0.455*	0.735**	0.722**
BG	广西							
	海南	0.390*	0.481*					
BX	广西							
	海南	0.485*	0.611**			0.424*		
POX	广西					0.428*	0.594*	0.686**
	海南							
PER	广西	0.471*		0.563*	0.504*	0.671**	0.704**	0.540*
	海南							
PRO	广西			0.671**		0.703**	0.690**	0.771**
	海南	0.510*					0.669**	0.698**
URE	广西			0.533*			0.583*	0.571*
	海南	0.766**	0.747**			0.757**	0.646**	0.686**
APS	广西			0.538*	0.641**	0.449	0.457	
	海南							

注：SHR，灌木物种丰富度；TRC，乔木层盖度；SHC，灌木层盖度；HC，草本层盖度；WC，土壤含水量；SOC，土壤有机碳；AN，碱解氮；BG，β-1,4-Glucosidase，β-1,4- 葡糖苷酶；BX，β-xylosidase，β- 木糖苷酶；POX，phenol oxidases，酚氧化酶；PER，peroxidases，过氧化物酶；PRO，protease，蛋白酶；URE，urease，脲酶；APS，acid phosphatases，酸性磷酸酶。
* 表示 $P<0.05$；** 表示 $P<0.01$。

4.3.2 桉树凋落物对土壤微生物群落结构和功能影响

4.3.2.1 土壤微生物群落结构

根据不同类群微生物的特征脂肪酸的含量和脂肪酸的总量可以估算土壤中微生物的生物量。根据图 4-32，添加凋落物的土壤磷脂脂肪酸总量显著高于未添加凋落物的土壤。两种凋落物处理土壤磷脂脂肪酸总量间的差异也达到显著水平 ($P<0.05$)。凋落物培养 10 d、20 d、30 d，桉树人工林凋落物处理的土壤中磷脂脂肪酸总量分别为 128.23 nmol · g^{-1}、122.74 nmol · g^{-1} 和 128.33 nmol · g^{-1}，而天然次生林的凋落物处理的土壤则为 148.19 nmol · g^{-1}、136.67 nmol · g^{-1} 和 140.48 nmol · g^{-1}，分别是比桉树人工林凋落物处理的土壤高 16%、11% 和 9%(图 4-32)。

桉树人工林凋落物处理的土壤中，不管是革兰氏阳性菌，还是革兰氏阴性菌的特征脂肪酸含量都低于天然次生林凋落物处理的土壤 ($P<0.05$)。凋落物培养 10 d、20 d、30 d，天然次生林凋落物处理土壤中细菌的生物量分别比桉树人工林处理的土壤高 13%、9% 和 5%($P<0.05$)。天然次生林凋落物处理土壤中真菌的生物量显著高于桉树人工林凋落物处理的土壤，分别比桉树人工林凋落物高 41%、27% 和 43%($P<0.05$)。另外，天然次生林凋落物处理的土壤放线菌特征脂肪酸的含量也高于桉树人工林凋落物处理的土壤，分别比桉树人工林凋落物高 16%、5% 和 4%($P<0.05$)。

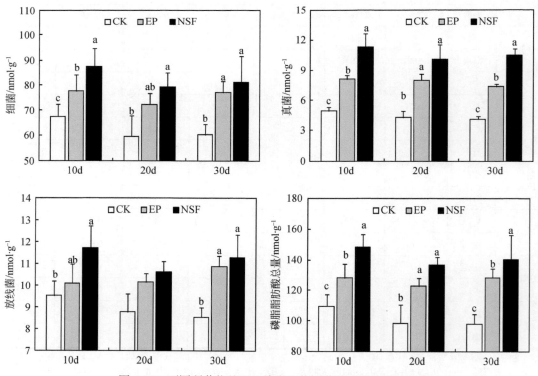

图 4-32 不同凋落物处理土壤微生物群落磷脂脂肪酸的丰度

注：不同小写字母表示在 $P<0.05$ 时差异显著。

没添加凋落物的土壤在培养 10 d 时,其革兰氏阳性菌 / 革兰氏阴性菌 (GP/GN) 及环丙烷脂肪酸 / 前体的比值显著高于天然次生林凋落物处理的土壤 (P<0.05)。饱和直链脂肪酸 / 单不饱和脂肪酸 (SAT/MONO)、革兰氏阳性菌 / 革兰氏阴性菌 (GP/GN)、异构 / 反异构支链磷脂脂肪酸 (I/A) 及环丙烷脂肪酸 / 前体的比值在两种凋落物处理土壤之间的差异不显著。

4.3.2.2 土壤微生物群落功能

(1) 碳代谢活性

AWCD 可以评判土壤中微生物群落的碳源利用活性。本实验采用 AWCD 曲线整合方法估计土壤微生物群落的代谢活性。如图 4-33 所示,不管是凋落物分解 10 d、20 d 还是 30 d,土壤微生物群落代谢活性在不同凋落物处理间的差异都表现为不添加凋落物的对照土壤 (CK) 显著低于添加凋落物处理的土壤。而添加桉树人工林凋落物 (EP) 的土壤显著低于添加天然次生林凋落物 (NSF) 的土壤。

(2) 碳代谢多样性

图 4-34 列出了土壤微生物在用 BIOLOG 生态板培养 72 h 后所利用碳

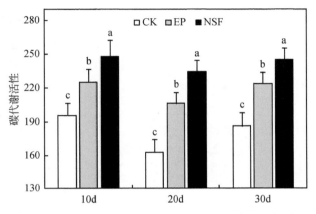

图 4-33 凋落物分解 10 d、20 d、30 d 土壤微生物群落碳源代谢活性

注:不同小写字母表示在 P<0.05 时差异显著。

源的丰富度和多样性。不同凋落物处理下土壤微生物群落利用碳源的丰富度和多样性差异显著。添加凋落物的土壤显著低于不添加凋落物的对照,两种凋落物处理之间,又以添加桉树人工林凋落物的土壤显著低于添加天然次生林凋落物的土壤。

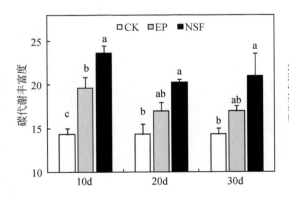 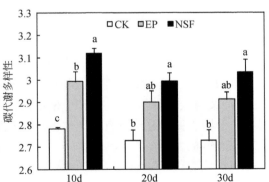

图 4-34 凋落物分解 10 d、20 d、30 d 土壤微生物群落碳源代谢多样性

注:不同小写字母表示在 P<0.05 时差异显著。

4.3.3 桉树连栽影响土壤微生物群落的因素

4.3.3.1 植物和土壤变化对土壤微生物群落磷脂脂肪酸组成的影响

土壤微生物群落磷脂脂肪酸组成与环境因子的冗余分析（图 4-35）结果表明广西连栽 2 代、3 代、4 代桉树人工林土壤微生物群落磷脂脂肪酸组成的变异与林下层灌木物种和草本物种的丰富度、土壤总氮、总磷及有机碳含量的变化有关。第 1 轴代表了土壤微生物群落磷脂脂肪酸组成 41.9% 的变异；第 2 轴代表了土壤微生物群落磷脂脂肪酸组成 27.2% 的变异。海南连栽 2 代、3 代、4 代桉树人工林土壤微生物群落磷脂脂肪酸组成的差异与海南桉树人工林下草本物种的丰富度、土壤的含水量、总磷、有机碳及速效钾含量的变化有关。第 1 轴代表了土壤微生物群落磷脂脂肪酸组成 59.1% 的变异；第 2 轴代表了土壤微生物群落磷脂脂肪酸组成 24.9% 的变异。

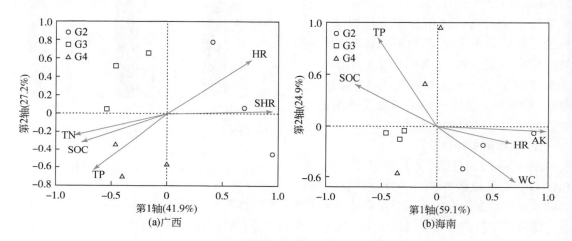

图 4-35　连栽桉树林土壤微生物群落 PLFA 组成与环境因子的冗余分析

注：SHR，灌木物种丰富度；HR，草本物种丰富度；WC，土壤含水量；TN，总氮；TP，总磷；SOC，土壤有机碳；AK，速效钾。

4.3.3.2 植物和土壤变化对土壤微生物群落功能基因组成的影响

土壤微生物群落功能基因组成与环境因子的冗余分析（图 4-36）结果表明广西连栽 2 代、3 代、4 代桉树人工林土壤微生物群落功能基因组成的变异与林下层灌木物种和草本物种的丰富度、土壤总氮、总磷及有机碳含量的变化有关。第 1 轴代表了土壤微生物群落磷脂脂肪酸组成 55.0% 的变异。

海南连栽 2 代、3 代、4 代桉树人工林土壤微生物群落功能基因组成的变异与海南桉树林下草本物种的丰富度、土壤的含水量、总磷、有机碳及速效钾含量的变化有关。第 1 轴代表了土壤微生物群落磷脂脂肪酸组成 60.2% 的变异，第 2 轴代表了土壤微生物群落磷脂脂肪酸组成 12.7% 的变异。

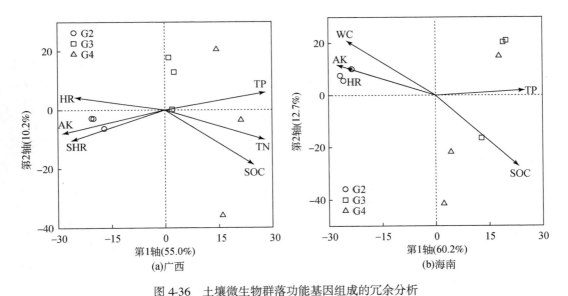

图 4-36　土壤微生物群落功能基因组成的冗余分析

注：HR，草本物种丰富度；SHR，灌木物种丰富度；WC，土壤含水量；TN，总氮；TP，总磷；SOC，土壤有
机碳；AK，速效钾。

4.3.3.3　植物和土壤变化对土壤微生物群落功能的影响

土壤微生物群落碳源代谢类型与环境因子的冗余分析（图 4-37）结果表明广西连栽 2 代、3 代、4 代桉树人工林土壤微生物群落碳源代谢方式的变异与林下层灌木物种和草本物种的丰富度、土壤总氮、总磷及有机碳含量的变化有关。第 1 轴代表了土壤微生物群落磷脂脂肪酸组成 53.1% 的变异；第 2 轴代表了 19.0% 的变异。海南连栽 2 代、3 代、4 代桉树人工林土壤微生物群落碳源代谢方式的差异与海南桉树林下草本物种的丰富度、土壤的含水量、有机碳及速效钾含量的变化有关。

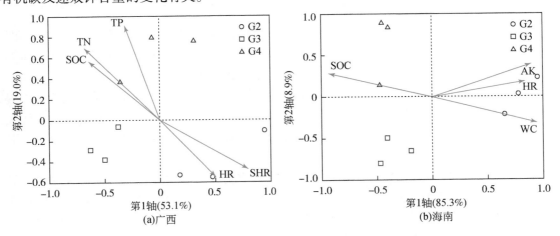

图 4-37　培养 72h 土壤微生物群落碳源利用的冗余分析

注：SHR，灌木物种丰富度；HR，草本物种丰富度；WC，土壤含水量；TN，总氮；TP，总磷；SOC，土壤有
机碳；AK，速效钾。

　　明确土壤微生物群落的变化可以大致预测生物地球化学循环对森林类型转换的响应。其他学者及本书成对实验的研究都表明，与乡土树种的森林相比，桉树人工林具有明显不同的微生物群落组成及较低土壤微生物群落的生物量和功能活性 (Sicardi et al., 2004；Berthrong et al., 2009)。随连栽代次增加，广西桉树人工林土壤微生物群落表现为群落受生理胁迫指数逐渐下降，群落的生物量、碳代谢功能、功能基因的多样性和丰度则逐渐恢复。在海南则表现为蛋白酶、脲酶、酸性磷酸酶活性有所恢复，但是微生物群落受生理胁迫程度增强，碳代谢功能退化，酚氧化酶、过氧化物酶活性下降，而微生物的生物量、纤维素酶及葡糖苷酶活性则受桉树连栽的影响不显著。

　　广西桉树人工林土壤微生物群落的生物量碳、氮、各类群微生物特征脂肪酸的含量及土壤磷脂脂肪酸的总量都随连栽代次的增加而缓慢回升，表明广西桉树人工林土壤肥力经过森林类型转换导致下降后在逐渐恢复。海南桉树人工林土壤微生物群落的生物量碳、氮、各类群微生物特征脂肪酸的含量及土壤磷脂脂肪酸的总量则不受桉树连栽的影响。

　　桉树人工林的短期轮伐连栽对土壤微生物群落结构有显著影响。单一磷脂脂肪酸组成的改变导致土壤微生物群落饱和直链脂肪酸／单不饱和脂肪酸、革兰氏阳性菌／革兰氏阴性菌及环丙烷脂肪酸／前体的比值的改变，这些比值与土壤的养分胁迫呈正相关或与资源可利用性呈负相关 (Bossio and Scow, 1998；Fierer et al., 2003；McKinley et al., 2005；Moore-Kucera and Dick, 2008)。本节中，广西桉树人工林土壤微生物群落饱和直链脂肪酸／单不饱和脂肪酸、革兰氏阳性菌／革兰氏阴性菌及环丙烷脂肪酸／前体的比值随桉树连栽代次的增加而缓慢下降，这表明，广西桉树人工林土壤微生物群落受养分胁迫的程度在经过森林类型转换导致的上升后在逐渐减轻。海南桉树人工林土壤微生物群落饱和直链脂肪酸／单不饱和脂肪酸、革兰氏阳性菌／革兰氏阴性菌及环丙烷脂肪酸／前体的比值则随桉树连栽代次的增加而缓慢上升，表明海南桉树人工林的土壤微生物群落受养分胁迫的程度随桉树连栽代次的增加而增强。但是桉树人工林土壤微生物群落功能基因的丰富度和丰度随桉树连栽代次的增加而逐渐增多，表明桉树人工林土壤微生物群落功能结构上的多样性逐渐增加。

　　桉树人工林的短期轮伐连栽对土壤微生物群落的碳源代谢功能影响显著 (图 4-23 和图 4-25)。广西桉树人工林土壤微生物群落的碳代谢活性随连栽代次增加而升高，海南桉树人工林土壤微生物群落的碳代谢活性则随连栽代次增加而降低 (图 4-23)，表明广西桉树人工林土壤微生物群落的活性经过森林类型转换导致下降后在逐渐恢复，而海南桉树人工林土壤微生物群落的活性则持续下降。两地土壤微生物群落碳代谢的丰富度和多样性都随连栽代次增加而降低 (图 4-25)，表明土壤微生物群落的功能多样性随桉树种植时间的延长表现为退化趋势。

　　本节中，广西桉树人工林土壤酚氧化酶和过氧化物酶的活性显著低于天然次生林，但是随桉树连栽代次的增加而升高，海南桉树人工林土壤酚氧化酶和过氧化物酶的活性则高于天然次生林，并且随桉树连栽代次的增加而降低。桉树人工林土壤蛋白酶和脲酶活性在广西显著低于天然次生林，但是随桉树连栽代次的增加没有明显规律，在海南也显著低于天然次生林，但随着连栽代次的增加而逐渐回升，可能与海南桉树人工林土壤氮有效性较低有关。

4.4　桉树造林影响土壤微生物群落的机制

4.4.1　桉树取代天然次生林造林影响土壤微生物群落的机制

当被引进区域的地带性因素大于引进种本身对生态系统影响时,外来树种造林可能对生态系统过程或者生态系统的特征没影响 (McIntosh et al., 2012)。本章对广西和海南桉树人工林与天然次生林的成对比较实验结果发现,尽管存在研究区域上的差异,桉树人工林取代天然次生林后土壤微生物群落结构和功能发生了显著的改变。与天然次生林相比,外来种桉树造林导致土壤微生物群落结构和功能退化的可能因素如下。

1) 桉树本身是影响土壤微生物群落组成和功能的主要因素之一。桉树生长迅速,生长过程中会利用大量的土壤水分及养分 (Binkley and Ryan, 1998; Bernhard-Reversat, 2001)。如此高的养分需求导致土壤水分和养分的大量损失 (Laclau et al., 2003),从而导致土壤资源可利用性的下降,实验结果表明与天然次生林相比,外来种桉树人工林的土壤水分含量、土壤有机碳及碱解氮的含量较低 (表 3-3,图 3-2 和图 3-3)。土壤理化性质在调节微生物群落结构和功能方面具有重要作用 (Fierer and Jackson, 2006)。土壤资源可利用性的变化会改变土壤微生物群落的结构、碳代谢活性和土壤酶活性 (表 4-20)。Behera 和 Sahani(2003) 的研究也发现由天然次生林转变为桉树人工林会导致土壤持水能力、有机碳、总氮、微生物群落的生物量及其代谢熵的下降。

桉树的生理 (如较高的生长速率) 和化学特征 (如桉树叶片、树皮、根内酚酸类和挥发油类的释放) 有可能对林下层植被产生抑制作用 (Florentine and Fox, 2003; Zhang and Fu, 2009)。结果发现,天然次生林转变为桉树人工林后,林下层植物的物种组成发生了显著的变化,林下层灌木物种丰富度及灌木层和草本层的盖度也显著降低 (表 3-1)。林下层植被对土壤微生物群落的影响巨大,同时也调控凋落物的分解过程 (Wu et al., 2011)。林下层灌木物种丰富度的减少、灌木层和草本层盖度的下降不仅导致土壤资源输入多样性和量的减少,也导致微气候条件的恶化。例如,导致土壤含水量的减少,而土壤含水量的减少会影响有机质的分解速率 (Kara et al., 2008; Zheng et al., 2008)。总之,植物群落的改变和各功能群对土壤养分及生境的影响显著地改变了土壤微生物群落结构和功能。

2) 桉树人工林凋落物为土壤微生物群落提供生境和食物的能力低于天然次生林的凋落物。森林凋落物的分解一般受到凋落物质量、气候、土壤等因子的综合影响,凋落物在不同林型下分解,难以明确具体某一因子对土壤微生物群落的影响。本章采用控制实验,在微气候条件一致的情况下,选取 3 个土壤碳氮含量存在差异的天然次生林土壤,采用随机区组的实验设计,比较桉树人工林和天然次生林凋落物分解对土壤微生物群落结构和功能的影响,有助于增强研究结果的可比性和说服力。

桉树人工林和天然次生林的凋落物处理下的土壤微生物群落的生物量和碳代谢功能具有显著差异。添加桉树人工林凋落物的土壤,其各类群微生物的磷脂脂肪酸含量及总量都显著低于添加天然次生林凋落物的土壤,表明与桉树人工林的凋落物相比,天然次生林的凋落物更容易被土壤微生物群落利用从而合成自身的生物量。这一结果与本章野外观测的结果相吻合，与天然次生林相比，桉树人工林土壤微生物群落的生物量碳、氮、各类群微生物及磷脂脂肪酸总量都显著降低。另外，与添加天然次生林凋落物的土壤相比，桉树人工林的凋落物处理下的土壤，不管是微生物群落代谢的活性还是碳源利用的丰富度和多样性，都显著较低。这一结果也与本章野外观测的结果相吻合，与天然次生林相比，桉树人工林土壤微生物群落碳源代谢活性、丰富度和多样性显著降低。

两种林型凋落物分解下土壤微生物群落结构和功能产生差异的可能原因是：①物种组成。与桉树人工林相比，天然次生林中植物多样性高，增加了包含不同形态学特征（不同的密度和结构）、不同化学特性（不同的凋落物类型及凋落物的质量和数量）的植物的概率及资源输入的变异度。这些差异会导致相当大的食物来源多样性及适应各类生物聚集的有效生态位的差异。②化学组成。凋落物的化学组成是影响土壤微生物群落的主要因素。本章结果表明，桉树人工林凋落物初始碳氮比较高，土壤微生物群落的生物量较低。因为高碳氮比的凋落物，可供微生物生长的资源较为贫乏。而天然次生林中不同质地的凋落物混合在一起可改变凋落物组成，改善凋落物的养分状况（碳氮比）。本书中桉树人工林凋落物和天然次生林凋落物的碳氮比分别为 76.29 和 35.16（表 2-1），天然次生林凋落物较低的碳氮比显著改善了土壤微生物群落生物量、碳代谢活性、多样性和丰富度。凋落物分解与土壤微生物群落结构功能变化是相互影响、相互制约的过程，凋落物组成影响土壤微生物群落，土壤微生物群落也相应地影响凋落物分解过程。桉树人工林单一物种的凋落物与天然次生林混合物种的凋落物相比，拥有完全不同的凋落物养分组成，能显著影响土壤微生物群落的代谢强度和代谢多样性。该结果为桉树人工林通过凋落物途径调控土壤微生物群落功能提供了依据。

3）人工林管理，尤其是火烧、施肥及不合理的人工抚育对土壤微生物群落结构和功能的改变具有重要贡献。火烧可以通过高温导致热敏感微生物种群的消亡而直接影响土壤微生物群落，或者通过改变土壤的物理化学性质 [如碳的质量、矿质营养的含量和土壤的容重 (Neary et al., 1999; de Marco et al., 2005)] 和土壤二氧化碳的排放 (Dooley and Treseder, 2012) 而间接地影响土壤微生物群落。高强度的火烧会导致土壤微生物生物量和丰度的显著下降 (Andersson et al., 2004; Palese et al., 2004; Dooley and Treseder, 2012)。本书中，为了方便人工进行林业作业，在桉树造林前，会有目的地进行火烧以除去林下灌草的障碍，这可能是桉树人工林土壤微生物生物量和代谢多样性下降的原因之一。

施肥也可能对土壤微生物群落产生显著影响。人工林的施肥措施是提高森林初级生产力的主要管理手段 (Fox, 2000)。施肥可能直接或间接地改变土壤微生物群落 (Compton et al., 2004; Frey et al., 2004)，抑制土壤微生物的生物量和活性 (Allen and Schlesinger, 2004)。有研究发现土壤氮可利用性的增加会降低土壤呼吸的速率 (Treseder, 2008)。本实验中，在桉树种植后的前两年，每年会在固定的时间对桉树人工林施加桉树专用肥，与天然次生林相比，桉树人工林较低的土壤微生物群落，以及较低的生物量和碳代谢活性可能与桉树人工林的施肥有关。

桉树人工林的抚育和高强度的林业作业（如种植桉树前过度地样地翻耕整地、除草，桉树木材收获过程中的伐木作用及地上生物量的移除）也可能直接或间接地影响土壤微生物群落的结构和功能。这些人为活动的干扰会导致林下层植被的破坏，并破坏土壤结构，即使桉树种植的前两年每年都对桉树人工林进行施肥，这些人为干扰仍然可能导致土壤养分资源输入的减少和土壤养分、水分损失的增加 (Zheng et al., 2005)。总之，人工林管理措施会通过改变植物群落的结构和土壤资源的可利用性而影响土壤微生物群落的组成和功能。

4.4.2　桉树连栽影响土壤微生物群落的机制

桉树连栽对土壤微生物群落结构和功能有显著影响，但是在不同土壤肥力水平下微生物群落结构和功能的方面对桉树连栽的响应表现出不同的趋势。广西桉树人工林土壤微生物群落结构和功能随桉树连栽变化与桉树连栽导致林地土壤有机碳、总氮、总磷含量的变化有关。海南桉树人工林中，影响土壤微生物群落结构和功能的土壤因子则是有机碳、总磷、速效钾和含水量 (图 4-35 ~ 图 4-37)。土壤肥力的差异、桉树本身的特征和人工林的管理可能是导致土壤微生物群落结构功能在广西和海南对桉树连栽响应表现出不同规律的原因。

虽然由于整地和施肥的原因，森林类型转变导致桉树人工林土壤微生物退化。但是随着连栽代次增加，桉树固定的碳通过凋落物和根系分泌物向土壤中输入的有机质逐渐增加 (Lima et al., 2006)。土壤微生物群落的大小通常与土壤总碳输入成正比，碳是微生物群落主要的能量来源 (Mitchell et al., 2012)。因此，微生物生物量碳在 3 代和 4 代桉树人工林逐渐增加。同样也可能是广西桉树人工林土壤微生物群落碳代谢活性逐渐回升的原因。

土壤微生物代谢多样性随桉树连栽降低，这可能是由于输入土壤碳源的丰富度持续下降。本章中随桉树连栽，广西桉树人工林林下层灌木和草本物种的丰富度不断下降，海南桉树人工林林下层草本物种的丰富度也表现出下降趋势。桉树短期轮伐和连栽中，桉树的生理 (如较高的生长速率) 和化学特征 (如桉树叶片、树皮、根内酚酸类和挥发油类的释放) 有可能对林下层植被产生抑制作用 (Florentine and Fox, 2003；Zhang and Fu, 2009)。人为对林下层植被的干扰也会导致林下层物种丰富度的减少。林下层植被对土壤微生物群落的影响巨大，同时也调控凋落物的分解过程 (Wu et al., 2011)。林下层灌草物种丰富度的减少会导致土壤资源输入多样性的减少。总之，植物群落的改变和各功能群对土壤养分及生境的影响显著地改变了土壤微生物群落结构和功能。

第 5 章 桉树人工林施氮对土壤微生物群落的影响

氮素作为土壤微生物的基本营养元素，直接影响土壤微生物的生长。土壤中有效氮量的变化影响土壤微生物对氮的利用，外源氮素的添加可以通过影响土壤中有效氮含量，进而影响微生物代谢。已有研究认为施氮改善土壤中氮的缺乏，短期能促进土壤微生物活性(Lovell et al., 1995；Micks et al., 2004)。另有研究却发现，施氮或者氮沉降抑制了土壤微生物活性(Lee and Jose, 2003)，进而降低部分有机物的分解，促进碳等元素的储存(Freeman et al., 2001)。同时，土壤有机碳作为土壤肥力的基本指标，也直接影响土壤微生物生长，土壤中活性炭为微生物提供能量(Fontaine et al., 2003)，碳的缺乏同样会成为微生物活性限制性因素(Aber et al., 1989)而作用于土壤养分循环中。可见，碳氮对土壤微生物群落结构及功能具有重要影响，但已有研究关注施氮或氮沉降、土壤有机碳水平单方面影响较多(Bragazza et al., 2006；Keeler et al., 2009；方华和莫江明，2006；薛立等，2003；刘恩科等，2008；邓小文和韩士杰，2007)，很少同时关注施氮水平和土壤有机碳水平对土壤微生物群落的综合影响。

桉树人工林是我国南方广泛种植的经济速生林，由于桉树生长快、对养分需求多，而导致桉树人工林土壤养分缺乏(陈少雄，2009；廖观荣等，2003)。施加氮肥是维持桉树人工林土壤养分平衡的主要措施之一，施氮也会直接影响土壤微生物群落。与此同时，桉树人工林中土壤有机碳水平也会对土壤微生物群落产生影响。本章以桉树人工林为研究对象，采用野外实验的方法，探究不同土壤有机碳水平下，不同施氮处理对桉树人工林土壤微生物群落磷脂脂肪酸组成及碳代谢功能的影响，明确不同有机碳水平下，桉树人工林土壤微生物群落结构和碳代谢功能对施氮处理的响应。

5.1 施氮对土壤碳氮库的影响

土壤碳、氮是调节土壤微生物活性的关键因子，一方面土壤中碳氮比变化影响土壤中微生物量碳氮比，从而影响土壤微生物群落变化，引起土壤微生物代谢能力的变化；另一方面土壤碳氮比的变化可能改变土壤有机质质量(有机质碳氮比)，从而影响土壤微生物对底物的分解效率，改变土壤微生物的代谢功能(Garcia-Pausas and Paterson，2011；Frey et al.，2004；Compton et al.，2004)。当土壤中碳氮比较高时，土壤中氮可能成为土壤微生物生长的制约因素，而氮素添加后，土壤碳氮比降低，可能从一定程度上缓解了氮对土

壤微生物的限制 (Aber et al., 1989)，对土壤微生物代谢能力产生显著影响，表现出碳氮之间的交互作用。

5.1.1 施氮对土壤可溶性有机碳和微生物生物量碳的影响

施氮显著改变了土壤微生物生物量碳及土壤可溶性有机碳。施氮后，土壤微生物生物量碳及土壤可溶性有机碳含量显著增加 ($P<0.01$)(表 5-1)。

表 5-1 施氮对不同土壤有机碳水平土壤微生物生物量碳和可溶性有机碳的影响

项目		微生物生物量碳 /mg·kg^{-1}	可溶性有机碳 /mg·kg^{-1}
LSOC	CK	212.84 ± 5.88	407.46 ± 12.00 d
	NN	318.25 ± 18.19	445.55 ± 3.13 c
	HN	301.52 ± 25.46	510.26 ± 8.35 a
HSOC	CK	433.7 ± 38.8	464.86 ± 9.91 bc
	NN	588.88 ± 40.09	484.6 ± 23.48 ab
	HN	506.17 ± 26.75	500.51 ± 16.31 a
处理效应	施氮	**	**
	土壤有机碳水平	**	**
	施氮 × 土壤有机碳水平	n.s.	**

注：CK，对照；NN，常规施氮处理；HN，高施氮处理；LSOC，低土壤有机碳样地；HSOC，高土壤有机碳样地。
* 表示在 $P<0.05$ 水平上差异显著；** 表示在 $P<0.01$ 水平上差异显著；n.s. 表示无显著差异；不同小写字母表示在 $P<0.05$ 时差异显著。

土壤有机碳水平对土壤微生物生物量碳及可溶性有机碳含量也有影响，高土壤有机碳水平样地 (HSOC) 土壤微生物生物量碳和土壤可溶性有机碳含量显著高于低土壤有机碳水平样地 (LSOC)(表 5-1)。

施氮和土壤有机碳水平对土壤可溶性有机碳的影响存在交互作用。在低土壤有机碳水平样地，随施氮量的增加，土壤可溶性有机碳含量显著增加；而在高土壤有机碳水平样地，只有高施氮处理 (HN) 的土壤可溶性有机碳含量才显著高于对照。土壤微生物生物量碳对施氮的响应在不同土壤有机碳水平样地保持一致，均为施氮促进了土壤微生物生物量碳的增加。

5.1.2 施氮对土壤有效氮和微生物生物量氮的影响

施氮显著影响土壤中有效氮含量 (氨氮、硝氮)($P<0.01$，图 5-1)，高施氮处理土壤中有效氮含量相对于对照处理 (CK) 显著增加，而常规施氮处理 (NN) 土壤有效氮含量与对照处理并没有显著差异。不同土壤有机碳水平样地的土壤有效氮之间无显著差异 ($P>0.05$)。施氮处理和土壤有机碳水平对土壤中有效氮含量的影响并未表现出显著交互作用，在不同土壤有机碳水平样地上，施氮的影响一致，均为在高施氮处理下，有效氮含量显著高于其他处理。

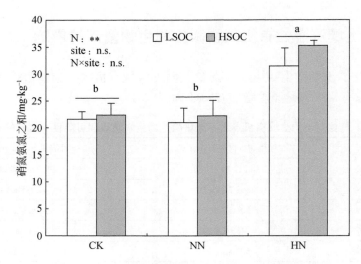

图 5-1　不同土壤有机碳水平样地土壤硝氮、氨氮之和对施氮的响应

注：CK，对照；NN，常规施氮处理；HN，高施氮处理；LSOC，低土壤有机碳样地；HSOC，高土壤有机碳样地；N，施氮；site，土壤有机碳水平；N×site，施氮 × 土壤有机碳水平。

* 表示在 $P<0.05$ 水平上差异显著；** 表示在 $P<0.01$ 水平上差异显著。n. s.表示无显著差异；不同小写字母表示在 $P<0.05$ 时差异显著。

施氮对土壤微生物生物量氮的影响不大。土壤微生物生物量氮在不同施氮水平处理间差异不显著（图 5-2）。高土壤有机碳水平样地的土壤微生物生物量氮显著高于低土壤有机碳水平样地。不同有机碳土壤及施氮对微生物生物量氮存在显著的交互作用。

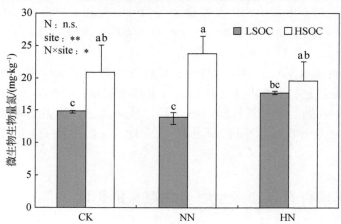

图 5-2　不同土壤有机碳水平样地土壤微生物生物量氮对施氮的响应

注：CK，对照；NN，常规施氮处理；HN，高施氮处理；LSOC，低土壤有机碳样地；HSOC，高土壤有机碳样地；N，施氮；site，土壤有机碳水平；N×site，土壤有机碳水平。

* 表示在 $P<0.05$ 水平上差异显著；** 表示在 $P<0.01$ 水平上差异显著；n.s.表示无显著差异；不同小写字母表示在 $P<0.05$ 时差异显著。

5.2 施氮对土壤微生物群落结构的影响

土壤微生物是土壤中营养周转的主要参与者，对碳氮变化较为敏感。施氮及氮素的添加都可能改变土壤中微生物群落的结构，进而影响微生物群落的功能和土壤营养过程。围绕氮素施用对土壤微生物群落的影响已经开展了大量研究工作 (Cusack et al., 2011；Waldrop et al., 2004a，2004b；Zhong et al., 2010)，发现施氮可以改变土壤中主导微生物群落，由真菌主导的微生物群落转化为细菌主导。Frey 等（2004）研究发现，真菌的生物量随着施氮的增加而降低，而细菌变化并不显著。微生物群落的变化(真菌和细菌比例等的变化)可能导致参与木质素降解的真菌功能群丰度及土壤中酚氧化酶等酶活性降低，从而改变土壤中有机物的代谢 (Osono, 2007)。

土壤微生物群落同样受到土壤中有机碳含量的影响，有机碳直接影响土壤微生物的生长，进而影响土壤微生物群落丰度。有机质高的土壤中微生物量往往高于有机质低的土壤 (Burger and Jackson, 2003)。此外，土壤有机物的组成(碳氮比)也会影响土壤中微生物活性 (Fog, 1988; Hobbie, 1996)，进而影响微生物群落功能，可以通过改变土壤酶活性，影响土壤碳形态，最终影响土壤物质代谢 (Waldrop et al., 2004a)。

5.2.1 磷脂脂肪酸丰度

施氮显著影响土壤微生物群落磷脂脂肪酸总量 ($P<0.01$)，高施氮处理 (HN) 的土壤微生物磷脂脂肪酸总量显著低于对照 (CK) 和常规施氮处理 (NN)(图 5-3)。高有机碳水平土壤微生物群落磷脂脂肪酸总量显著高于低有机碳水平样地 ($P<0.01$)。

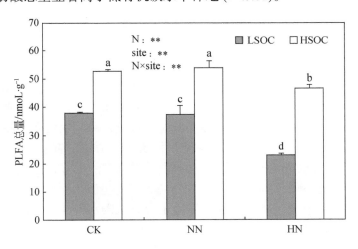

图 5-3 不同土壤有机碳水平样地的不同施氮处理下土壤微生物磷脂脂肪酸总量

注：CK，对照；NN，常规施氮处理；HN，高施氮处理；LSOC，低土壤有机碳样地；HSOC，高土壤有机碳样地；N，施氮；site，土壤有机碳水平；N×site，施氮 × 土壤有机碳水平。

** 表示在 $P<0.01$ 水平上差异显著；不同小写字母表示处理间差异显著。

土壤有机碳水平和施氮处理对土壤微生物群落磷脂脂肪酸总量的影响存在交互作用($P<0.01$)。高土壤有机碳处理样地的对照、常规施氮处理和高施氮处理的土壤微生物群落磷脂脂肪酸总量均分别显著高于低土壤有机碳水平样地的对照、常规施氮处理和高施氮处理，低土壤有机碳水平样地的高施氮处理的土壤微生物群落磷脂脂肪酸总量最低。

施氮显著影响土壤细菌、真菌、放线菌磷脂脂肪酸量，高施氮处理的土壤细菌、放线菌磷脂脂肪酸量显著低于对照和常规施氮处理。随着施氮水平的增加，土壤真菌磷脂脂肪酸量显著降低，对照、常规施氮处理和高施氮处理之间的土壤真菌磷脂脂肪酸量差异达到显著水平($P<0.05$)。高土壤有机碳水平样地土壤细菌、真菌、放线菌磷脂脂肪酸生物量均显著高于低土壤有机碳水平样地（表 5-2）。

表 5-2   不同土壤有机碳水平样地的不同施氮处理下土壤微生物群落组成

	项目	细菌	真菌	放线菌	革兰氏阳性菌	革兰氏阴性菌
LSOC	CK	20.38 ± 0.05c	2.74 ± 0.02c	2.88 ± 0.09b	13.80 ± 0.05c	6.12 ± 0.10c
	NN	20.59 ± 1.84c	1.97 ± 0.34d	2.41 ± 0.03c	13.86 ± 1.02d	6.29 ± 0.8c
	HN	12.40 ± 0.53d	1.37 ± 0.06e	1.88 ± 0.08d	8.72 ± 0.36d	3.42 ± 0.17d
HSOC	CK	26.95 ± 0.62ab	6.04 ± 0.02a	2.96 ± 0.05b	17.87 ± 0.49a	8.40 ± 0.18a
	NN	28.37 ± 1.59a	5.69 ± 0.32a	3.35 ± 0.11a	18.57 ± 0.74ab	9.14 ± 0.083a
	HN	25.05 ± 0.55b	3.59 ± 0.12b	3.24 ± 0.25a	17.14 ± 0.58b	7.38 ± 0.01b
处理效应	施氮	**	**	**	**	**
	土壤有机碳水平	**	**	**	**	**
	施氮 × 土壤有机碳水平	**	**	**	**	**

注：CK，对照；NN，常规施氮处理；HN，高施氮处理；LSOC，低土壤有机碳样地；HSOC，高土壤有机碳样地；不同小写字母表示在不同处理在 $P=0.05$ 时差异显著。

** 表示 $P<0.01$。

土壤有机碳水平和施氮处理对土壤细菌（革兰氏阳性菌、革兰氏阴性菌）、真菌、放线菌和真菌／细菌比值的影响存在交互作用。在低土壤有机碳水平样地，高施氮处理能显著降低细菌磷脂脂肪酸量，但在高土壤有机碳水平样地，高施氮处理对细菌磷脂脂肪酸量的影响不显著。在不同土壤有机碳水平样地，真菌磷脂脂肪酸量对施氮的响应不一致。在低土壤有机碳水平样地，常规施氮处理显著降低了真菌磷脂脂肪酸量；而在高土壤有机碳水平样地，高施氮处理才显著降低真菌磷脂脂肪酸量。在不同土壤有机碳水平样地，常规施氮处理均显著降低了土壤真菌／细菌比值。所以，相比于高土壤有机碳水平样地，低土壤有机碳水平样地的土壤微生物群落结构对施氮的响应更敏感。

5.2.2   磷脂脂肪酸组成

土壤微生物群落磷脂脂肪酸 (PLFA) 的主成分分析表明主成分 1 可以解释 56.63% 的变

异。不同土壤有机碳水平样地的不同施氮处理的土壤微生物群落差异，主要表现在主成分 1(PC1) 上，即可通过主成分 1 进行较好地区分 (图 5-4)。

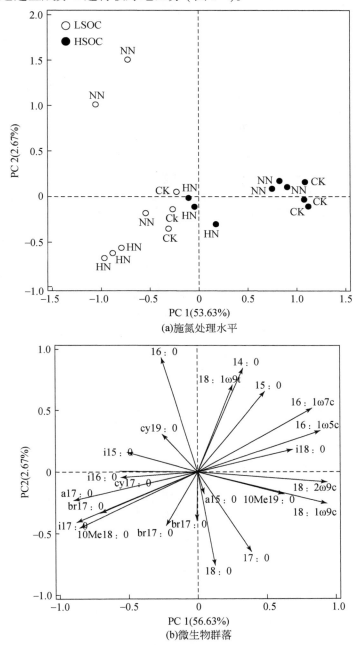

图 5-4　土壤微生物的群落结构主成分分析

注：CK，对照；NN，常规施氮处理；HN，高施氮处理；LSOC，低土壤有机碳样地；HSOC，高土壤有机碳样地。

真菌特征脂肪酸 16：1ω5c、18：1ω9c、18：2ω9c 及细菌特征脂肪酸 16：1ω7c、i17：0 和放线菌特征脂肪酸 10Me18：0 等与 PC1 显著相关，而 16：0、14：0、17：0、18：0 在

PC2 上得分较高，这些脂肪酸对土壤微生物群落分异起到主要作用。不同土壤有机碳水平样地的不同磷脂脂肪酸类型含量变化表现基本一致。不同施氮处理的微生物磷脂脂肪酸含量变化有差异，如图 5-5 和图 5-6 所示。

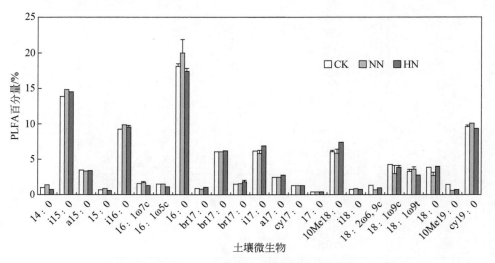

图 5-5　低有机碳水平土壤中微生物磷脂脂肪酸的百分含量

注：CK，对照；NN，常规施氮处理；HN，高施氮处理。

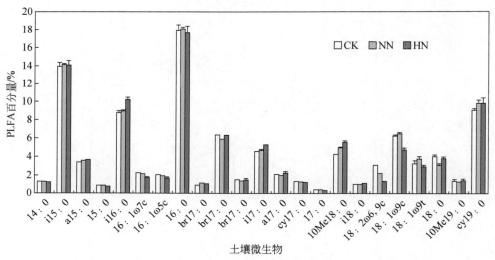

图 5-6　高有机碳水平土壤中微生物磷脂脂肪酸的百分含量

注：CK，对照；NN，常规施氮处理；HN，高施氮处理。

5.2.3　磷脂脂肪酸比值

施氮影响真菌／细菌比值，随着施氮水平的增加，土壤真菌磷脂脂肪酸量和真菌／细菌比值显著降低，对照、常规施氮处理和高施氮处理之间的真菌／细菌比值差异均达到显著水

平 (*P*<0.05)。高土壤有机碳水平样地的真菌 / 细菌比值均显著高于低土壤有机碳水平样地 (图 5-7)。

　　土壤有机碳水平和施氮处理对土壤真菌 / 细菌比值的影响存在交互作用。在低土壤有机碳水平样地和高土壤有机碳水平样地中，常规施氮处理均显著降低了土壤真菌 / 细菌比值。

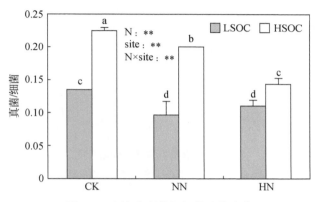

图 5-7　土壤中真菌与细菌比值变化

注：CK，对照；NN，常规施氮处理；HN，高施氮处理；LSOC，低土壤有机碳样地；HSOC，高土壤有机碳样地；N，施氮；
　　　site，土壤有机碳水平；N×site，施氮 × 土壤有机碳水平。
** 表示在 *P*<0.01 水平上差异显著；NS：无显著差异；不同小写字母表示在 *P*<0.05 时差异显著。

5.3　施氮对土壤微生物群落功能的影响

　　外源氮素可以影响土壤有机物的组成 (Thomas et al., 2012)，改变有机物在土壤微生物食物链中的流通，进而影响土壤微生物的代谢活性 (Janssens et al., 2010; de Forest et al., 2004; Hobbie et al., 2012)。

5.3.1　碳源代谢功能

5.3.1.1　碳代谢强度及丰富度

　　施氮水平显著影响土壤微生物群落碳代谢强度 (*P*<0.01) 和碳源代谢丰富度 (*P*<0.05)(图 5-8 和图 5-9)。随着施氮量的增加，土壤微生物群落碳代谢强度、碳源代谢丰富度均表现出先增加后降低的趋势，常规施氮处理下的碳代谢强度和碳源代谢丰富度显著高于其他处理。

　　土壤有机碳水平也显著影响土壤微生物群落碳代谢强度 (*P*<0.01) 和碳源代谢丰富度 (*P*<0.01)。高土壤有机碳水平样地的土壤微生物群落碳代谢强度、碳源代谢丰富度均显著高于低土壤有机碳水平样地 (*P*<0.01)。

　　施氮水平与土壤有机碳水平对土壤微生物群落碳代谢强度和碳源代谢丰富度的影响存在显著的交互作用 (*P*<0.01)。在高土壤有机碳水平样地，常规施氮处理的土壤微生物群落碳代谢强度和碳源代谢丰富度显著高于其他处理 (*P*<0.05)；而在低土壤有机碳水平样地，不同

施氮处理之间差异不显著。

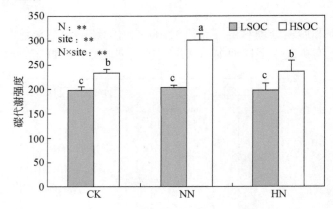

图 5-8 土壤微生物碳源代谢强度

注：CK，对照；NN，常规施氮处理；HN，高施氮处理；LSOC，低土壤有机碳样地；HSOC，高土壤有机碳样地；N，施氮；
site，土壤有机碳水平；N×site，施氮 × 土壤有机碳水平。
** 表示在 *P*<0.01 水平上差异显著；不同的小写字母表示处理之间差异显著。

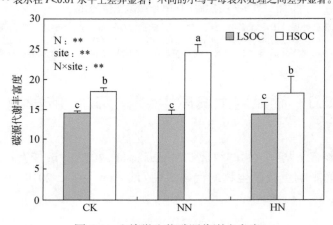

图 5-9 土壤微生物碳源代谢丰富度

注：CK，对照；NN，常规施氮处理；HN，高施氮处理；LSOC，低土壤有机碳样地；HSOC，高土壤有机碳样地；N，施氮；
site，土壤有机碳水平；N×site，施氮 × 土壤有机碳水平。
** 表示在 *P*<0.01 水平上差异显著；不同的字母表示处理之间差异显著。

5.3.1.2 碳源利用方式

在不同土壤有机碳水平和不同施氮处理下，土壤微生物群落碳源利用特征显著不同。主成分 1(PC1) 可以解释碳源利用 69.32% 的变异，PC2 可以解释 9.55% 的变异 (图 5-10)。不同土壤有机碳水平、不同施氮处理在 PC1 上的得分分别在 *P*<0.05、*P*<0.01 水平上差异显著。

相关分析进一步表明 (表 5-3)21 种碳源的吸光值与 PC1 得分值相关显著 (*P*<0.05)，对 PC1 起到分异作用的碳源类型主要是碳水化合物类、氨基酸类和羧酸类碳源 (表 5-3)，其中碳水化合物有 7 种，氨基酸类有 5 种，羧酸类有 5 中；相关系数大于 0.9 的有 D- 纤维二糖 (D-cellobiose)、L- 天冬酰胺酸 (L-asparagine)、吐温 80 (Tween 80)、苯乙胺 (phenylethylamine)。

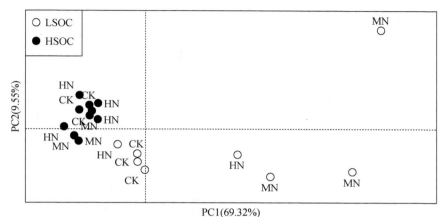

图 5-10　土壤微生物碳源利用类型主成分分析

注：LSOC，低土壤有机碳水平样地；HSOC，高土壤有机碳水平样地。

表 5-3　与主成分值显著相关的碳源

碳源类型	编号	碳源	相关系数
碳水化合物类	A2	β- 甲基 D- 葡糖苷酶 (β-methyl-D-glucoside)	0.89
	D2	D- 甘露醇 (D-mannitol)	0.89
	E2	N- 乙酰基 -D- 葡萄糖胺 (N-acetyl-D-glucosamine)	0.91
carbohydrate	G2	葡萄糖 -1- 磷酸盐 (glucose-1-phosphate)	0.87
	H2	D,L-α- 甘油 (D,L-α-glycerol)	0.83
	G1	D- 纤维二糖 (D-cellobiose)	0.92
	H1	α-D- 乳糖 (α-D-lactose)	0.75
氨基酸类	A4	L- 精氨酸 (L-arginine)	0.77
	B4	L- 天冬酰胺酸 (L-asparagine)	0.90
amino acid	C4	L- 苯丙氨酸 (L-phenylalanine)	0.70
	D4	L- 丝氨酸 (L-serine)	0.69
	F4	甘氨酰 -L- 谷氨酸 (glycyl-L-glutamic acid)	0.60
羧酸类	B3	D- 半乳糖醛酸 (D-galacturonic acid)	0.68
	E3	γ- 羟基丁酸 (γ-hydroxy butyric acid)	0.74
carboxylic acids	F3	甲叉丁二酸 (itaconic acid)	0.64
	G3	α- 丁酮酸 (α-ketobutyric acid)	0.63
	H3	D- 苹果酸 (D-malic acid)	0.77
聚合物类	C1	吐温 40 (Tween 40)	0.70
plymers	D1	吐温 80 (Tween 80)	0.91
胺类	G4	苯乙胺 (phenylethylamine)	0.95
amine	H4	腐胺 (putrescine)	0.85

5.3.2 土壤酶活性

施氮显著改变了土壤纤维素酶活性 (P<0.05)。高施氮处理的土壤纤维素酶活性显著高于对照和常规施氮处理，且在不同土壤有机碳水平样地，土壤纤维素酶变化均达到显著水平 (P<0.01)。在高土壤有机碳水平样地，土壤纤维素酶活性显著高于低土壤有机碳水平样地。施氮处理和土壤有机碳水平对土壤纤维素酶活性的影响存在交互作用 (P<0.05)。在高土壤有机碳水平样地，土壤纤维素酶活性在高施氮处理下要显著高于对照和常规施氮处理；而在低土壤有机碳水平样地，土壤纤维素酶活性在各施氮处理之间并没有显著差异 (表 5-4)。

表 5-4   不同施氮处理下的不同土壤有机碳水平样地土壤酶活性特征

项目		纤维素酶 nmol h⁻¹·g⁻¹	酚氧化酶 μmol h⁻¹·g⁻¹	葡糖苷酶 nmol h⁻¹·g⁻¹	过氧化物酶 μmol h⁻¹·g⁻¹
LSOC	CK	0.02 ± 0.004 c	0.52 ± 0.28 c	2.10 ± 0.34 abc	0.89 ± 0.56
	NN	0.02 ± 0.008 c	0.92 ± 0.17 b	1.88 ± 0.20 bc	1.14 ± 0.42
	HN	0.04 ± 0.033 c	0.74 ± 0.11 bc	1.77 ± 0.34 bc	0.91 ± 0.09
HSOC	CK	0.2 ± 0.017 b	0.48 ± 0.06 c	1.26 ± 0.12 c	1.93 ± 011
	NN	0.21 ± 0.052 b	0.61 ± 0.19 bc	2.44 ± 0.41 ab	1.88 ± 0.94
	HN	0.33 ± 0.017 a	1.43 ± 0.35 a	2.95 ± 0.85 a	1.80 ± 0.35
处理效应	施氮	**	**	n.s.	n.s.
	土壤有机碳水平	**	n.s.	n.s.	**
	施氮 × 土壤有机碳水平	**	**	**	n.s.

注：CK，对照；NN，常规施氮处理；LSOC，低土壤有机碳样地；HSOC，高土壤有机碳样地。
* 表示在 P<0.05 水平上差异显著，** 表示在 P<0.01 水平上差异显著；n.s.表示无显著差异；不同的小写字母表示处理之间差异显著。

葡糖苷酶活性在不同施氮处理下没有显著差异；在不同土壤有机碳水平水平样地也未表现出显著差异。但是不同土壤有机碳水平与施氮处理对葡糖苷酶的影响存在交互作用 (P<0.05)。在高土壤有机碳水平样地，葡糖苷酶活性随着施氮量的增加而增加，在高施氮处理时，葡糖苷酶活性达到最高；而在低土壤有机碳水平样地，葡糖苷酶活性随着施氮量的增加呈现降低的趋势，但各施氮处理间并未达到显著水平。

施氮处理显著改变了酚氧化酶活性。对照、常规施氮处理和高施氮处理的酚氧化酶活性差异显著 (P<0.05)，高施氮处理下土壤酚氧化酶活性要显著高于对照和常规施氮处理。不同土壤有机碳水平对土壤酚氧化酶影响并不显著，高土壤有机碳水平样地的土壤酚氧化酶活性略高于低土壤有机碳水平样地，但是差异并不显著。施氮处理和土壤有机碳水平对酚氧化酶活性的影响存在交互作用。在低土壤有机碳水平样地，常规施氮处理和高施氮处理的酚氧化酶活性均高于对照，而在高土壤有机碳水平样地，高施氮处理的酚氧化酶活性显著高于对照和常规施氮水平。

　　土壤过氧化物酶活性对施氮的响应不显著 (表 5-4)。不同施氮处理下，土壤过氧化物酶活性没有显著差异，但是高施氮处理的过氧化物酶活性相对较低。而不同有机碳水平上，过氧化物酶活性差异显著 ($P<0.01$)，过氧化物酶活性在高土壤有机碳水平样地要高于低土壤有机碳水平样地。施氮和不同有机碳水平对过氧化物酶活性的影响没有显著的交互作用。

　　由此可知，在高土壤有机碳水平样地，易分解有机物的纤维素酶及葡糖苷酶变化更显著，所以土壤微生物对易分解碳降解的功能在高有机碳水平上更显著。而酚氧化酶活性变化可能与土壤碳氮比含量有关。在低土壤有机碳水平样地，常规施氮处理即达到了酚氧化酶的适宜值；而在高土壤有机碳水平样地，高施氮处理时，才达到适宜值。

　　总之，不同施氮处理和土壤有机碳水平对土壤酶活性的影响并不一致。其中变化较为显著的是纤维素酶和酚氧化酶活性。

第6章 | 桉树人工林施氮对土壤温室气体通量的影响

　　全球气候变暖主要是由温室气体排放增加导致的 (Jassal et al., 2010)，其中贡献最大的是 CO_2，其对增温效应的贡献约占 56%；其次是 CH_4，其温室效应潜能是 CO_2 的 23 倍，对增温效应的贡献约占 15%；N_2O 的温室效应潜能是 CO_2 的 296 倍，对增温效应贡献占近 10%。土壤是温室气体的重要来源，据估计，大气中每年有 5% ~ 20% 的 CO_2，15% ~ 30% 的 CH_4，80% ~ 90% 的 N_2O 来自土壤。土壤温室气体的排放不仅受温度、水分、植被类型、土壤特征等自然因子影响，也受翻耕、施肥等人为管理的影响。明确不同因子对土壤温室气体排放的影响及其各因子间的交互作用，是减少温室气体排放的前提和基础。

　　为满足木材需求，我国南方营造了大面积的桉树人工林，其常规管理措施包括整地、翻耕、施肥、除草等。其中施肥，特别是氮肥，是维持林地生产力的重要措施，但施氮也增加了温室气体排放的风险。研究定量施氮对不同土壤有机碳水平桉树人工林温室气体排放的影响，不仅有助于明确碳氮因子的交互作用，也有助于全面评价桉树人工林的生态环境效应。

　　本书于 2013 年 5 月 ~ 2015 年 4 月，对广西国有东门林场内的低土壤有机碳水平桉树林 (LSOC) 和高土壤有机碳水平桉树林 (HSOC)，在不同施氮处理（对照 CK、低施氮处理 LN、中施氮处理 MN 和高施氮处理 HN）下的土壤 CO_2、CH_4、N_2O 排放进行原位观测，旨在明确土壤有机碳水平、施氮管理及其交互作用对土壤温室气体排放的影响，并为评估桉树人工林的温室气体通量提供参考。

6.1　施氮对土壤 CO_2 排放的影响

　　2013 年 5 月 ~ 2015 年 4 月，对广西国有东门林场内的低土壤有机碳水平桉树林和高土壤有机碳水平桉树林，在不同施氮处理 (CK、LN、MN 和 HN) 的土壤 CO_2 排放进行原位观测，旨在明确桉树人工林土壤 CO_2 的排放通量和时间动态、施氮和土壤有机碳水平对土壤 CO_2 排放的影响及交互作用。

6.1.1 土壤 CO_2 排放的时间动态及影响因素

土壤 CO_2 的排放存在显著的月变化特征。为排除施氮对土壤 CO_2 排放月变化的影响，在研究桉树人工林土壤 CO_2 排放的月变化特征时，仅对不施氮对照 (CK) 样地进行分析。结果表明，在 CK 处理下，LSOC 样地的不同月份土壤 CO_2 排放通量的变化范围为 67 ～ 357 $mg \cdot m^{-2} \cdot h^{-1}$，HSOC 样地的不同月份土壤 CO_2 排放通量的变化范围为 37 ～ 477 $mg \cdot m^{-2} \cdot h^{-1}$。在 LSOC 和 HSOC 样地，土壤 CO_2 排放通量均表现出明显的月变化特征，在 6 月最高，1 月最低 (图 6-1)。

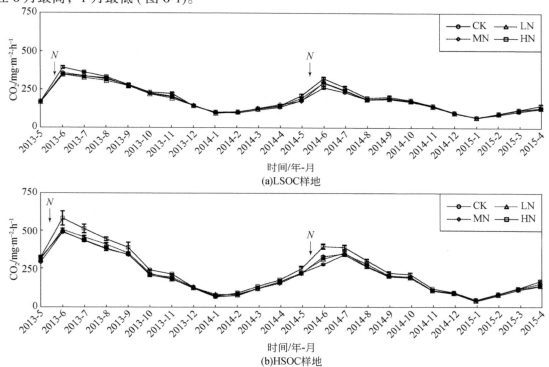

图 6-1　桉树人工林土壤 CO_2 排放的月变化特征

注：LSOC 表示低土壤有机碳水平样地；HSOC 表示高土壤有机碳水平样地；CK、LN、MN 和 HN 分别表示对照、低施氮处理、中施氮处理和高施氮处理；N 表示对应的施氮时间。

为了解桉树人工林土壤温室气体排放的季节变化特征，根据当地温度、降雨情况和林场工作人员建议，将每年的 4 ～ 10 月划分为生长季，11 月～次年 3 月划分为非生长季，对不同土壤有机碳水平和施氮处理下桉树人工林土壤 CO_2 排放通量进行分析。结果表明，在 LSOC 和 HSOC 样地，土壤 CO_2 排放通量表现出明显的季节变化，在 LSOC 样地，土壤 CO_2 排放通量在生长季为 126 ～ 393 $mg \cdot m^{-2} \cdot h^{-1}$，非生长季为 67 ～ 223 $mg \cdot m^{-2} \cdot h^{-1}$；在 HSOC 样地，土壤 CO_2 排放通量在生长季为 133 ～ 563 $mg \cdot m^{-2} \cdot h^{-1}$，非生长季为 37 ～ 205 $mg \cdot m^{-2} \cdot h^{-1}$。两个样地的土壤 CO_2 排放通量均表现为生长季高于非生长季 (图 6-2)。

桉树人工林生长季和非生长季土壤 CO_2 排放通量，均表现出随施氮量增加而增加的趋势，在生长季这种趋势更明显。在生长季，LSOC 样地的 CK 处理下土壤 CO_2 平均排放通量

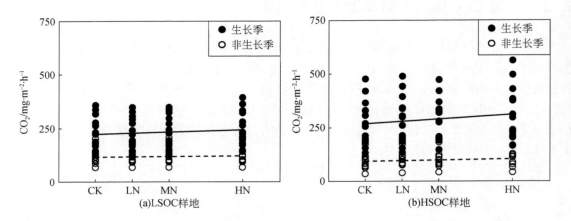

图 6-2　桉树林土壤 CO_2 排放的季节特征

注：LSOC 表示低土壤有机碳水平样地；HSOC 表示高土壤有机碳水平样地；CK、LN、MN 和 HN 分别表示对照、低施氮处理、中施氮处理和高施氮处理；实线和虚线分别表示生长季和非生长季土壤 CO_2 随施氮量增加的变化趋势。

为 225 mg·m^{-2}·h^{-1}，HN 处理下土壤 CO_2 平均排放通量为 245 mg·m^{-2}·h^{-1}，比 CK 处理高 9%；在非生长季，CK 处理下土壤 CO_2 平均排放通量为 115 mg·m^{-2}·h^{-1}，HN 处理下土壤 CO_2 平均排放通量为 121 mg·m^{-2}·h^{-1}，比 CK 处理高 5%。在 HSOC 样地，生长季 CK 处理下土壤 CO_2 平均排放通量为 275 mg·m^{-2}·h^{-1}，HN 处理下土壤 CO_2 平均排放通量为 319 mg·m^{-2}·h^{-1}，比 CK 处理高 16%；非生长季 CK 处理下土壤 CO_2 平均排放通量为 94 mg·m^{-2}·h^{-1}，HN 处理下土壤 CO_2 平均排放通量为 106 mg·m^{-2}·h^{-1}，比 CK 处理分别高 13%(图 6-2)。这与施氮时间和所用缓释氮肥的分解释放时期 (120 d) 一致。在生长季，较好的水热条件有利于植物肥料养分的吸收，同时，较高的微生物活性也促进了土壤呼吸过程，导致土壤 CO_2 排放对施氮的响应更敏感；而在非生长季，氮肥消耗殆尽，加之温度降低、降雨减少，导致土壤 CO_2 排放水平较低，施氮的促进效应不明显 (张凯等，2015b)。

相比于低土壤有机碳水平样地 (LSOC)，高土壤有机碳水平样地 (HSOC) 施氮对生长季和非生长季土壤 CO_2 排放的促进效应更为显著。在生长季，LSOC 样地 HN 处理下土壤 CO_2 平均排放通量比 CK 处理高 9%，而 HSOC 样地 HN 处理下土壤 CO_2 平均排放通量比 CK 处理高 16%。在非生长季，LSOC 样地 HN 处理下土壤 CO_2 平均排放通量比 CK 处理高 5%，而 HSOC 样地 HN 处理下土壤 CO_2 平均排放通量比 CK 处理高 13%(图 6-2)。

另外，桉树人工林土壤 CO_2 年均通量存在显著的年际变化。在 LSOC 样地的 CK 处理下，土壤 CO_2 年均排放通量在 2013 年 5 月 ~ 2014 年 4 月为 206.04 mg·m^{-2}·h^{-1}，高于 2014 年 5 月 ~ 2015 年 4 月的 152.94 mg·m^{-2}·h^{-1}；在 HSOC 样地的 CK 处理下，土壤 CO_2 年均排放通量在 2013 年 5 月 ~ 2014 年 4 月为 233.88 mg·m^{-2}·h^{-1}，低于 2014 年 5 月 ~ 2015 年 4 月的 165.08 mg·m^{-2}·h^{-1}(表 6-1)。这可能与不同年份的温度、降雨等气候因子有关。2013 年 5 月 ~ 2014 年 4 月年均气温为 22.65 ℃，总降雨量为 1437 mm；而 2014 年 5 月 ~ 2015 年 4 月的年均气温为 24.11 ℃，总降雨量为 1118 mm。相比而言，2014 年 5 月 ~ 2015 年 4 月年均气温较高，年降雨量较少，而较高的气温和较少的降雨量会造成干旱胁迫，降低根系

呼吸和土壤微生物活性，从而导致土壤 CO_2 排放的降低。

表 6-1　不同年份桉树林土壤 CO_2 年均通量、温度和降雨

时段	CO_2 年均通量 /mg·m^{-2}·h^{-1}		年均温度 /℃	年降雨量 /mm
	LSOC	HSOC		
2013 年 5 月 ~ 2014 年 4 月	206.04	233.88	22.65	1437
2014 年 5 月 ~ 2015 年 4 月	152.94	165.08	24.11	1118

温度和水分是影响土壤 CO_2 排放的重要因子。对土壤 CO_2 排放与土壤温度和含水量进行 Pearson 相关系数分析，结果表明，土壤 CO_2 排放通量与土壤温度显著正相关 ($P<0.01$)，相关系数 $R^2=0.76$；土壤 CO_2 排放通量与土壤含水量显著正相关 ($P<0.01$)，相关系数 $R^2=0.42$(表 6-2)。这可能是因为土壤 CO_2 主要由土壤微生物呼吸和植物根系呼吸产生，而这两个过程均受土壤温度、含水量等因素影响 (李海防等，2007)。

表 6-2　土壤 CO_2 排放通量和土壤温度、水分的相关分析

项目	土壤温度 /℃	土壤含水量 /%
CO_2 排放通量 mg·m^{-2}·h^{-1}	0.760**	0.421**

** 表示 $P<0.01$。

6.1.2　施氮和土壤有机碳水平对土壤 CO_2 排放的影响

为明确施氮和土壤有机碳水平对桉树人工林土壤 CO_2 排放的影响及交互作用，对 2013 年 5 月 ~ 2014 年 4 月和 2014 年 5 月 ~ 2015 年 4 月两年的土壤 CO_2 年均排放通量进行土壤有机碳水平、施氮处理和年际差异的三因素方差分析。结果表明，施氮和土壤有机碳水平均显著影响了土壤 CO_2 年均排放通量 ($P<0.001$)，且二者之间存在显著交互作用 ($P<0.05$)(表 6-3)。

表 6-3　土壤有机碳水平、施氮和年际差异对桉树林土壤 CO_2 排放影响的方差分析

处理效应	CO_2 排放通量
土壤有机碳水平	<0.001
施氮处理	<0.001
年际差异	<0.001
土壤有机碳水平 × 施氮处理	<0.05
土壤有机碳水平 × 年际差异	n.s.
施氮处理 × 年际差异	n.s.
土壤有机碳水平 × 施氮处理 × 年际差异	n.s.

注：当 $P<0.05$ 时，表示影响显著；n.s. 表示影响不显著。

6.1.2.1 施氮对土壤 CO_2 排放的影响

施氮显著增加了桉树人工林土壤 CO_2 年均排放通量。2013 年 5 月 ~ 2014 年 4 月，在 LSOC 样地，CK、LN、MN 和 HN 处理下土壤 CO_2 年均排放通量分别为 206 mg·m^{-2}·h^{-1}、203 mg·m^{-2}·h^{-1}、208 mg·m^{-2}·h^{-1} 和 217 mg·m^{-2}·h^{-1}，其中 HN 处理下土壤 CO_2 年均排放通量显著高于 CK、LN 和 MN 处理 ($P<0.05$)；在 HSOC 样地，CK、LN、MN 和 HN 处理下土壤 CO_2 年均排放通量分别为 234 mg·m^{-2}·h^{-1}、242 mg·m^{-2}·h^{-1}、234 mg·m^{-2}·h^{-1} 和 266 mg·m^{-2}·h^{-1}，其中 HN 处理下土壤 CO_2 年均排放通量显著高于 CK、LN 和 MN 处理 ($P<0.05$)[图 6-3(a)]。2014 年 5 月 ~ 2015 年 4 月，在 LSOC 样地，CK、LN、MN 和 HN 处理下土壤 CO_2 年均排放通量分别为 153 mg·m^{-2}·h^{-1}、160 mg·m^{-2}·h^{-1}、159 mg·m^{-2}·h^{-1} 和 170 mg·m^{-2}·h^{-1}，其中 HN 处理下土壤 CO_2 年均排放通量显著高于 CK、LN 和 MN 处理 ($P<0.05$)；在 HSOC 样地，CK、LN、MN 和 HN 处理下土壤 CO_2 年均排放通量为 165 mg·m^{-2}·h^{-1}、172 mg·m^{-2}·h^{-1}、176 mg·m^{-2}·h^{-1} 和 195 mg·m^{-2}·h^{-1}，表现出随施氮量增加而增加的趋势，其中 HN 处理下土壤 CO_2 年均排放通量显著高于 CK、LN 和 MN 处理 ($P<0.05$)[图 6-3(b)]。

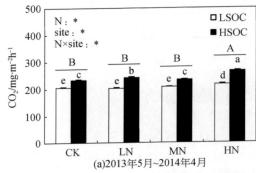 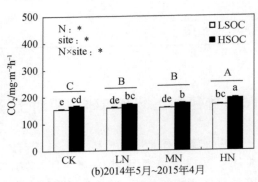

图 6-3 不同土壤有机碳水平桉树林在不同施氮处理下年均土壤 CO_2 排放量

注：LSOC 和 HSOC 分别表示低土壤有机碳水平样地和高土壤有机碳水平样地；CK、LN、MN 和 HN 分别表示对照、低施氮处理、中施氮处理和高施氮处理；N、site、N×site 分别表示施氮的作用、土壤有机碳水平的作用、施氮和土壤有机碳水平的交互作用。* 表示作用显著，n.s. 表示作用不显著；不同的大写字母表示不同施氮处理间差异显著 ($P<0.05$)，不同小写字母表示不同有机碳水平样地的不同施氮处理间差异显著 ($P<0.05$)。

本节结果与 Cleveland 和 Townsend (2006) 和 Tu 等 (2013) 的研究结果一致。施氮对土壤 CO_2 排放的促进效应可能是通过以下途径实现的：①桉树生长迅速，氮素需求量大，导致桉树人工林生态系统处于氮匮乏状态 (余雪标，2000)。施氮会增加土壤氮素可利用性，促进轻质有机碳的分解和异养呼吸 (Tu et al.，2013)，导致土壤 CO_2 排放增加。②施氮也可能是通过促进植物生长，增加细根生物量和自养呼吸 (Cleveland and Townsend，2006，Tu et al.，2013)，从而增加土壤 CO_2 排放。③本节所使用的氮肥为脲甲醛缓释肥，其水解过程中也会释放出 CO_2(Basiliko et al.，2009)。

6.1.2.2 有机碳水平对土壤 CO_2 排放的影响

通过对土壤有机碳存在显著差异的两块桉树人工林样地进行比较，本节发现高土壤有

机碳桉树林土壤 CO_2 年均排放通量显著高于低土壤有机碳桉树林。2013 年 5 月 ~ 2014 年 4 月，在 HSOC 样地，CK、LN、MN 和 HN 处理下土壤 CO_2 年均排放通量为 234 $mg \cdot m^{-2} \cdot h^{-1}$、242 $mg \cdot m^{-2} \cdot h^{-1}$、234 $mg \cdot m^{-2} \cdot h^{-1}$ 和 266 $mg \cdot m^{-2} \cdot h^{-1}$，比 LSOC 样地的 CK、LN、MN 和 HN 处理（土壤 CO_2 年均排放通量分别为 206 $mg \cdot m^{-2} \cdot h^{-1}$、203 $mg \cdot m^{-2} \cdot h^{-1}$、208 $mg \cdot m^{-2} \cdot h^{-1}$ 和 217 $mg \cdot m^{-2} \cdot h^{-1}$）分别高 14%、19%、13% 和 23%［图 6-3(a)]。2014 年 5 月 ~ 2015 年 4 月，在 HSOC 样地，CK、LN、MN 和 HN 处理下土壤 CO_2 年均排放通量为 165 $mg \cdot m^{-2} \cdot h^{-1}$、172 $mg \cdot m^{-2} \cdot h^{-1}$、176 $mg \cdot m^{-2} \cdot h^{-1}$ 和 195 $mg \cdot m^{-2} \cdot h^{-1}$，比 LSOC 样地的 CK、LN、MN 和 HN 处理（土壤 CO_2 年均排放通量分别为 153 $mg \cdot m^{-2} \cdot h^{-1}$、160 $mg \cdot m^{-2} \cdot h^{-1}$、159 $mg \cdot m^{-2} \cdot h^{-1}$ 和 170 $mg \cdot m^{-2} \cdot h^{-1}$）分别高 8%、8%、11% 和 15%[图 6-3(b)]。

有机碳是土壤质量的重要指标，与土壤养分及其可利用性密切相关。有机碳可通过影响植物根系和土壤微生物群落结构与功能影响土壤 CO_2 排放。通常而言，较高的土壤有机碳对应较高的养分可利用性、微生物生物量和活性(苏丹等,2014)，这会促进土壤呼吸(Uchida et al., 2012, Zhou et al., 2013)，从而增加土壤 CO_2 排放。

6.1.2.3　施氮和土壤有机碳水平的交互作用

采用双因素方差分析的方法，对不同土壤有机碳水平桉树人工林样地和不同施氮处理下土壤 CO_2 年均排放通量进行分析。结果表明，施氮和土壤有机碳水平对桉树人工林土壤 CO_2 年均排放的影响存在显著交互作用（表 6-3）。

施氮对土壤 CO_2 排放的促进效应在高土壤有机碳条件下更为显著。2013 年 5 月 ~ 2014 年 4 月，在 LSOC 样地，仅 HN 处理下土壤 CO_2 年均排放通量显著高于 CK 处理，而在 HSOC 样地，LN 和 HN 处理下土壤 CO_2 年均排放通量均显著高于 CK 处理（$P<0.05$）。2014 年 5 月 ~ 2015 年 4 月，在 LSOC 样地，HN 处理下土壤 CO_2 年均排放通量显著高于 CK 处理，而在 HSOC 样地，MN 和 HN 处理下土壤 CO_2 年均排放通量均显著高于 CK 处理（$P<0.05$）（图 6-3）。

这可能是高土壤有机碳样地有着较高的碳源可利用性、微生物生物量和活性（苏丹等,2014）。较高的碳源可利用性、微生物生物量和活性会促进土壤呼吸(Uchida et al., 2012)，增加土壤 CO_2 排放对施氮的响应。因此，在大尺度范围评估施氮对土壤 CO_2 排放的影响时，考虑土壤有机碳水平的影响及二者的交互作用有助于提高评估数据的准确性（李睿达,2014）。

6.2　施氮对土壤 CH_4 吸收的影响

CH_4 是大气中仅次于 CO_2 的温室气体，其浓度虽然远低于 CO_2，但其温室效应潜能是 CO_2 的 23 倍，因此，CH_4 也是大气中非常重要的温室气体。通常而言，陆地土壤是大气 CH_4 的汇，主要受水分、植被类型、土壤特征等自然因子影响，也受翻耕、施肥等人为管理的影响。

本节于 2013 年 5 月 ~ 2015 年 4 月，对低土壤有机碳样地和高土壤有机碳样地桉树人工林不同施氮处理(CK、LN、MN 和 HN)的土壤 CH_4 吸收通量进行原位观测，以期明确桉

树人工林土壤 CH_4 的吸收通量和时间动态、施氮和土壤有机碳水平对土壤 CH_4 吸收的影响及交互作用。

6.2.1 土壤 CH_4 吸收的时间动态及影响因素

为排除施氮对土壤 CH_4 吸收的影响，在研究桉树人工林土壤 CH_4 吸收的时间变化特征时，仅对不施氮对照 (CK) 样地进行分析。结果表明，土壤 CH_4 吸收无明显的月变化特征。在 CK 处理下，LSOC 样地的不同月份土壤 CH_4 吸收通量的变化范围为 31 ~ 101 $\mu g \cdot m^{-2} \cdot h^{-1}$，HSOC 样地的不同月份土壤 CH_4 吸收通量的变化范围为 20 ~ 67 $\mu g \cdot m^{-2} \cdot h^{-1}$。在 LSOC 和 HSOC 样地，不同月份的土壤 CH_4 吸收通量有一定的波动，但均未表现出明显的月变化特征 (图 6-4)。

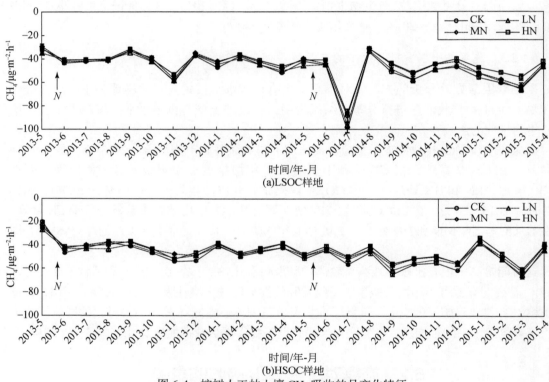

图 6-4　桉树人工林土壤 CH_4 吸收的月变化特征

注：LSOC 表示低土壤有机碳水平样地；HSOC 表示高土壤有机碳水平样地；CK、LN、MN 和 HN 分别表示对照、低施氮处理、中施氮处理和高施氮处理；N 表示对应的施氮时间。

土壤 CH_4 的吸收具有一定的季节特征，生长季土壤的 CH_4 吸收通量略低于非生长季 (图 6-5)。这可能是生长季较高的气温和降雨量更有利于产甲烷菌的生长和 CH_4 生成过程的进行，从而造成生长季节土壤 CH_4 生成量多，而净吸收量少。

桉树人工林生长季和非生长季土壤 CH_4 吸收通量均表现出随施氮量增加而降低的趋势，这种趋势的大小在生长季和非生长季类似。在 LSOC 样地，生长季时，CK 处理下土壤 CH_4

平均吸收通量为 43 $\mu g \cdot m^{-2} \cdot h^{-1}$，HN 处理下土壤 CH_4 平均吸收通量为 40 $\mu g \cdot m^{-2} \cdot h^{-1}$，比 CK 处理低 7%；非生长季时，CK 处理下土壤 CH_4 平均吸收通量为 50 $\mu g \cdot m^{-2} \cdot h^{-1}$，HN 处理下土壤 CH_4 平均吸收通量为 44 $\mu g \cdot m^{-2} \cdot h^{-1}$，比 CK 处理低 12%。在 HSOC 样地，生长季 CK 处理下土壤 CH_4 平均吸收通量为 46 $\mu g \cdot m^{-2} \cdot h^{-1}$，HN 处理下土壤 CH_4 平均吸收通量为 42 $\mu g \cdot m^{-2} \cdot h^{-1}$，比 CK 处理低 9%；非生长季 CK 处理下土壤 CH_4 平均吸收通量为 51 $\mu g \cdot m^{-2} \cdot h^{-1}$，HN 处理下土壤 CH_4 平均吸收通量为 47 $\mu g \cdot m^{-2} \cdot h^{-1}$，比 CK 处理高 8%(图 6-5)。

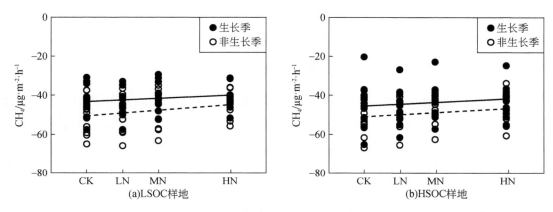

图 6-5　桉树林土壤 CH_4 吸收的季节特征

注：LSOC 表示低土壤有机碳水平样地；HSOC 表示高土壤有机碳水平样地；CK、LN、MN 和 HN 分别表示对照、低施氮处理、中施氮处理和高施氮处理；实线和虚线分别表示生长季和非生长季土壤 CH_4 随施氮量增加的变化趋势。

　　另外，桉树人工林土壤 CH_4 年均通量存在显著的年际变化。在 LSOC 样地的 CK 处理下，土壤 CH_4 年均吸收通量在 2013 年 5 月 ~ 2014 年 4 月为 42.51 $\mu g \cdot m^{-2} \cdot h^{-1}$，低于 2014 年 5 月 ~ 2015 年 4 月的 54.56 $\mu g \cdot m^{-2} \cdot h^{-1}$；在 HSOC 样地的 CK 处理下，土壤 CH_4 年均吸收通量在 2013 年 5 月 ~ 2014 年 4 月为 43.18 $\mu g \cdot m^{-2} \cdot h^{-1}$，低于 2014 年 5 月 ~ 2015 年 4 月的 52.81 $\mu g \cdot m^{-2} \cdot h^{-1}$(表 6-4)。这可能与不同年份间的温度、降雨等气候因子有关。2013 年 5 月 ~ 2014 年 4 月年均气温为 22.65 ℃，年降雨量为 1437 mm；而 2014 年 5 月 ~ 2015 年 4 月的年均气温为 24.11 ℃，年降雨量为 1118 mm。相比而言，2014 年 5 月 ~ 2015 年 4 月年均气温高较高，降雨量较少，而较高的气温和较少的降雨量会造成较干旱环境，有利于 CH_4 氧化过程的进行，从而增加土壤的 CH_4 吸收。

表 6-4　不同年份桉树林土壤 CH_4 年均通量、温度和降雨

时段	CH_4 年均通量 /$\mu g \cdot m^{-2} \cdot h^{-1}$		年均温度 /℃	年降雨量 /mm
	LSOC	HSOC		
2013 年 5 月 ~ 2014 年 4 月	−42.51	−43.18	22.65	1437
2014 年 5 月 ~ 2015 年 4 月	−54.56	−52.81	24.11	1118

注：LSOC 和 HSOC 分别表示低土壤有机碳水平样地和高土壤有机碳水平样地。

　　土壤 CH_4 排放由产甲烷和甲烷氧化两个过程调控，这些过程受土壤温度、含水量和

底物等因素影响 (李海防等，2007)。然而本节对土壤 CH_4 吸收与土壤温度和含水量进行 Pearson 相关系数分析，结果发现土壤 CH_4 吸收通量与土壤温度和土壤含水量均无显著关系 (表 6-5)，这与齐玉春和罗辑 (2002) 和李海防等 (2007) 的结果类似，可能是影响因素比较复杂或者各因素间交互作用较强导致。

表 6-5　土壤 CH_4 排放和土壤温度、水分的相关分析 (P 值)

项目	土壤温度 /℃	土壤含水量 / %
CH_4 吸收通量 /μg · m^{-2} · h^{-1}	0.000	0.061

6.2.2　施氮和土壤有机碳水平对土壤 CH_4 吸收的影响

为明确施氮和土壤有机碳水平对桉树人工林土壤 CH_4 吸收的影响及交互作用，对 2013 年 5 月 ~ 2014 年 4 月和 2014 年 5 月 ~ 2015 年 4 月两年的土壤 CH_4 年均吸收通量进行土壤有机碳水平、施氮处理和年际差异的三因素方差分析。结果表明，施氮显著影响了土壤 CH_4 年均吸收通量 ($P<0.001$)，而土壤有机碳水平和施氮处理与土壤有机碳水平的交互作用对土壤 CH_4 年均吸收通量无显著影响 (表 6-6)。

表 6-6　土壤有机碳、施氮和年际差异对桉树人工林土壤 CH_4 吸收的交互作用

处理效应	CH_4 吸收通量
土壤有机碳水平	n.s.
施氮处理	<0.001
年际差异	<0.001
土壤有机碳水平 × 施氮处理	n.s.
土壤有机碳水平 × 年际差异	n.s.
施氮处理 × 年际差异	<0.01
土壤有机碳水平 × 施氮处理 × 年际差异	n.s.

注：当 $P< 0.05$ 时，表示影响显著；n.s. 表示影响不显著。

6.2.2.1　施氮对桉树人工林土壤 CH_4 吸收的影响

施氮显著抑制了桉树人工林土壤 CH_4 年均吸收通量。2013 年 5 月 ~ 2014 年 4 月，在 LSOC 样地，CK、LN、MN 和 HN 处理下土壤 CH_4 年均吸收通量分别为 43 μg · m^{-2} · h^{-1}、42 μg · m^{-2} · h^{-1}、41 μg · m^{-2} · h^{-1} 和 40 μg · m^{-2} · h^{-1}，表现出随施氮量增加而降低的趋势；在 HSOC 样地，CK、LN、MN 和 HN 处理下土壤 CH_4 年均吸收通量为 43 μg · m^{-2} · h^{-1}、43 μg · m^{-2} · h^{-1}、41 μg · m^{-2} · h^{-1} 和 41 μg · m^{-2} · h^{-1}，也表现出随施氮量增加而降低的趋势。其中 MN 和 HN 处理下土壤 CH_4 年均吸收通量显著低于 CK 处理 ($P<0.05$)。2014 年 5 月 ~ 2015 年 4 月，在 LSOC 样地，CK、LN、MN 和 HN 处理下土壤 CH_4 年均吸收通量分别为

$55\ \mu g \cdot m^{-2} \cdot h^{-1}$、$54\ \mu g \cdot m^{-2} \cdot h^{-1}$、$51\ \mu g \cdot m^{-2} \cdot h^{-1}$ 和 $48\ \mu g \cdot m^{-2} \cdot h^{-1}$，表现出随施氮量增加而降低的趋势；在 HSOC 样地，CK、LN、MN 和 HN 处理下土壤 CH_4 年均吸收通量为 $53\ \mu g \cdot m^{-2} \cdot h^{-1}$、$51\ \mu g \cdot m^{-2} \cdot h^{-1}$、$49\ \mu g \cdot m^{-2} \cdot h^{-1}$ 和 $48\ \mu g \cdot m^{-2} \cdot h^{-1}$，也表现出随施氮量增加而降低的趋势。其中 LN、MN 和 HN 处理下土壤 CH_4 年均吸收通量均显著低于 CK 处理 ($P<0.05$)(图 6-6)。

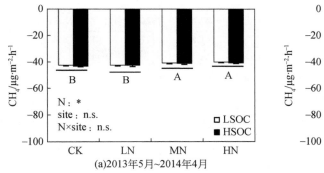
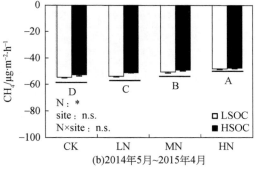

图 6-6　不同土壤有机碳水平桉树林在不同施氮处理下年均土壤 CH_4 吸收量

注：LSOC 和 HSOC 分别表示低土壤有机碳水平样地和高土壤有机碳水平样地；CK、LN、MN 和 HN 分别表示对照、低施氮处理、中施氮处理和高施氮处理；N、site、N×site 分别表示施氮的作用、土壤有机碳水平的作用、施氮和土壤有机碳水平的交互作用。* 表示作用显著，n.s. 表示作用不显著；不同的大写字母表示不同施氮处理间差异显著 ($P<0.05$)。

施氮对桉树人工林土壤 CH_4 吸收存在抑制作用，这与大部分研究 (Steudler et al., 1989；Adamsen and King, 1993；Aronson and Helliker, 2010) 结果一致，可从氨氧化和甲烷氧化过程对酶的竞争和施氮对甲烷氧化菌的毒害作用两方面解释。甲烷氧化菌在氧化 CH_4 时和氨氧化菌氧化 NH_4^+ 时需要相同的微生物酶参与，因此，施氮可通过增加硝化细菌数量抑制土壤中甲烷氧化菌的生长及活性 (Hütsch, 1996；Gulledge et al., 2004)。另外，施氮导致的土壤 pH 降低，NO_3^- 和 Al^{3+} 离子浓度增加会对甲烷营养菌产生毒害作用 (King and Schnell, 1994；Nanba and King, 2000；Bradford et al., 2001；Reay and Nedwell, 2004；Xu and Inubushi, 2004)，从而减少森林土壤对大气 CH_4 的氧化吸收。

另外，施氮处理和年际差异对桉树人工林土壤 CH_4 年均通量存在交互作用。在 LSOC 样地，2013 年 5 月 ~ 2014 年 4 月，即年均气温较低、降雨较多的年份，土壤 CH_4 年均吸收通量在各施氮处理下无显著差异；而在 2014 年 5 月 ~ 2015 年 4 月，即年均气温较高、降雨较少的年份，土壤 CH_4 年均吸收通量在 MN 和 HN 处理下显著高于 CK 处理 [图 6-7(a)]。这表明在气温较高、降雨较少的年份，土壤 CH_4 吸收对施氮的响应更敏感。

6.2.2.2　有机碳水平对土壤 CH_4 吸收的影响

有机碳是土壤质量的重要指标，与土壤养分及其可利用性密切相关，可以通过影响土壤持水能力、微生物群落及活性影响土壤 CH_4 吸收。本节对土壤有机碳存在显著差异的两块桉树人工林样地进行比较，在 2013 年 5 月 ~ 2013 年 4 月和 2014 年 5 月 ~ 2015 年 4 月，均未发现 HSOC 样地和 LSOC 样地土壤 CH_4 年均吸收通量之间存在显著差异 (图 6-6)。

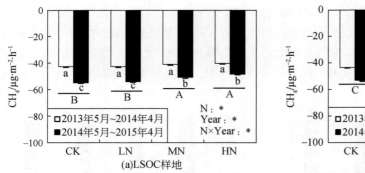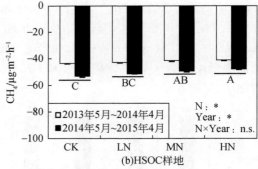

图 6-7　施氮处理和年际差异对桉树林土壤 CH_4 年均吸收通量的交互作用

注: LSOC 和 HSOC 分别表示低土壤有机碳水平样地和高土壤有机碳水平样地; CK、LN、MN 和 HN 分别表示对照、低施氮处理、中施氮处理和高施氮处理; N、Year、N×Year 分别表示施氮的作用、年际差异、施氮和年际差异的交互作用。* 表示作用显著; n.s. 表示作用不显著; 不同的大写字母表示不同施氮处理间差异显著 ($P<0.05$), 不同小写字母表示不同年份的不同施氮处理间差异显著 ($P<0.05$)。

6.2.2.3　施氮和土壤有机碳水平的交互作用

采用双因素方差分析的方法, 对不同土壤有机碳水平桉树人工林样地, 不同施氮处理下土壤 CH_4 年均吸收通量进行分析。结果表明, 施氮处理和土壤有机碳水平对桉树人工林土壤 CH_4 年均吸收通量的影响不存在交互作用 (表 6-5)。

6.3　施氮对土壤 N_2O 排放的影响

NO_2 是大气中仅次于 CO_2 和 CH_4 的温室气体, 虽然其含量远远低于 CO_2, 但其单分子的温室效应潜能是 CO_2 的 296 倍。土壤是大气中 N_2O 的重要来源, 土壤 N_2O 排放不仅受温度、水分、植被类型、土壤特征等自然因素影响, 也受翻耕、施肥等人为管理的影响。本节于 2013 年 5 月 ~ 2015 年 4 月对低土壤有机碳水平样地和高土壤有机碳水平样地桉树人工林不同施氮处理 (CK、LN、MN 和 HN) 的土壤 N_2O 排放进行原位观测, 以期明确桉树人工林土壤 N_2O 的排放通量和时间动态、施氮和土壤有机碳水平对土壤 N_2O 排放的影响及交互作用。

6.3.1　土壤 N_2O 排放的时间动态及影响因素

为排除施氮对土壤温室气体的影响, 在研究桉树人工林土壤 N_2O 排放的月变化特征时, 仅对不施氮对照 (CK) 样地进行分析。结果表明, 在 CK 处理下, LSOC 样地不同月份土壤 N_2O 排放通量的变化范围为 $4 \sim 68\ \mu g \cdot m^{-2} \cdot h^{-1}$, HSOC 样地不同月份土壤 N_2O 排放通量的变化范围为 $3 \sim 45\ \mu g \cdot m^{-2} \cdot h^{-1}$。在 LSOC 和 HSOC 样地, 土壤 N_2O 排放通量均表现出明显的月变化特征, 分别在 6 月和 7 月最高, 为 $68\ \mu g \cdot m^{-2} \cdot h^{-1}$ 和 $45\ \mu g \cdot m^{-2} \cdot h^{-1}$; 分别在 12 月和 11 月最低, 为 $4\ \mu g \cdot m^{-2} \cdot h^{-1}$ 和 $3\ \mu g \cdot m^{-2} \cdot h^{-1}$(图 6-8)。

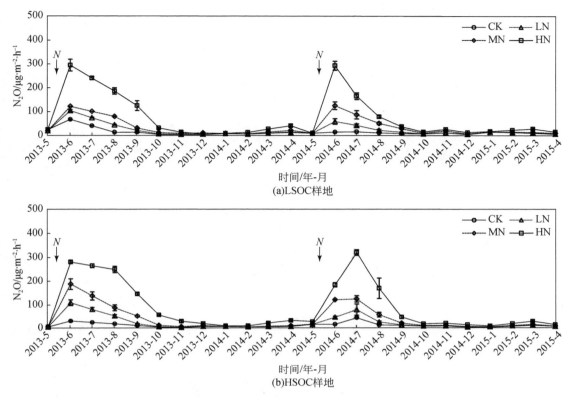

图 6-8　桉树人工林土壤 N_2O 排放的月变化特征

注：LSOC 表示低土壤有机碳水平样地；HSOC 表示高土壤有机碳水平样地；CK、LN、MN 和 HN 分别表示对照、低施氮处理、
中施氮处理和高施氮处理；N 表示对应的施氮时间。

为了解桉树人工林土壤温室气体排放的季节特征，根据当地温度、降雨情况和林场工作人员建议，将每年的 4 ~ 10 月划分为生长季，11 月 ~ 次年 3 月划分为非生长季，对不同土壤有机碳水平和施氮处理下桉树人工林土壤 N_2O 排放通量进行分析。结果表明，在 LSOC 和 HSOC 样地，土壤 N_2O 排放通量表现出明显的季节变化。在 CK 处理下，LSOC 样地土壤 N_2O 平均排放通量在生长季为 18 μg·m^{-2}·h^{-1}，而非生长季为 9 μg·m^{-2}·h^{-1}，生长季高于非生长季；在 HSOC 样地，土壤 N_2O 平均排放通量在生长季为 16 μg·m^{-2}·h^{-1}，而非生长季为 7 μg·m^{-2}·h^{-1}，生长季高于非生长季（图 6-9）。

温度和水分是影响土壤 N_2O 排放的重要因子。对土壤 N_2O 排放与土壤温度和含水量进行 Pearson 相关系数分析，结果表明，土壤 N_2O 排放通量与土壤温度显著正相关（$P<0.01$），相关系数 R^2=0.46；土壤 N_2O 排放通量与土壤含水量显著正相关（$P<0.01$），相关系数 R^2=0.58（表 6-7）。土壤 N_2O 排放由硝化和反硝化作用控制，受土壤温度、含水量和底物等因素影响（李海防等，2007）。本节中，土壤 N_2O 通量与土壤温度和含水量显著正相关，表明温度和水分是驱动土壤 N_2O 通量季节变化的主要因子。

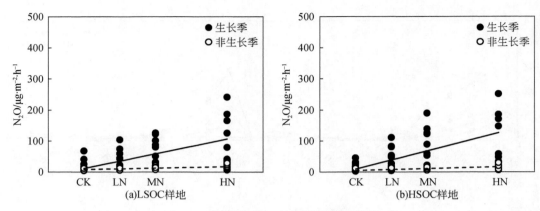

图 6-9　桉树林土壤 N_2O 排放的季节特征

注：LSOC 表示低土壤有机碳水平样地；HSOC 表示高土壤有机碳水平样地；CK、LN、MN 和 HN 分别表示对照、低施氮处理、
　　中施氮处理和高施氮处理；实线和虚线分别表示生长季和非生长季土壤 N_2O 随施氮量增加的变化趋势。

表 6-7　土壤 N_2O 排放通量和土壤温度、水分的相关分析

项目	土壤温度 /℃	土壤含水量 / %
N_2O 排放通量 /$\mu g \cdot m^{-2} \cdot h^{-1}$	0.464**	0.548**

** 表示 $P<0.01$。

6.3.2　施氮和土壤有机碳水平对土壤 N_2O 排放的影响

为明确施氮和土壤有机碳水平对桉树人工林土壤 N_2O 排放的影响及交互作用，对 2013 年 5 月 ~ 2014 年 4 月和 2014 年 5 月 ~ 2015 年 4 月两年的土壤 N_2O 年均排放通量进行土壤有机碳水平、施氮处理和年际差异的三因素方差分析。结果表明，施氮处理显著影响了土壤 N_2O 年均排放通量($P<0.05$)，而且施氮处理和土壤有机碳水平之间存在显著交互作用($P<0.05$)（表 6-8）。

表 6-8　土壤有机碳、施氮和年际差异对桉树林土壤 N_2O 排放的交互作用

处理效应	N_2O 年均排放通量
土壤有机碳水平	n.s.
施氮处理	<0.05
年际差异	n.s.
土壤有机碳水平 × 施氮处理	<0.05
土壤有机碳水平 × 年际差异	n.s.
施氮处理 × 年际差异	n.s.
土壤有机碳水平 × 施氮处理 × 年际差异	n.s.

注：当 $P< 0.05$ 时，表示影响显著；n.s. 表示影响不显著。

施氮显著增加了桉树人工林土壤 N_2O 年均排放通量。2013 年 5 月 ~ 2014 年 4 月，在 LSOC 样地，CK、LN、MN 和 HN 处理下，土壤 N_2O 年均排放通量分别为 18 $\mu g \cdot m^{-2} \cdot h^{-1}$、27 $\mu g \cdot m^{-2} \cdot h^{-1}$、37 $\mu g \cdot m^{-2} \cdot h^{-1}$ 和 85 $\mu g \cdot m^{-2} \cdot h^{-1}$，表现出随施氮量增加而增加的趋势，LN、MN 和 HN 处理下土壤 N_2O 年均排放通量均显著高于 CK 处理 ($P<0.05$)；在 HSOC 样地，CK、LN、MN 和 HN 处理下土壤 N_2O 年均排放通量分别为 12 $\mu g \cdot m^{-2} \cdot h^{-1}$、27 $\mu g \cdot m^{-2} \cdot h^{-1}$、45 $\mu g \cdot m^{-2} \cdot h^{-1}$ 和 95 $\mu g \cdot m^{-2} \cdot h^{-1}$，也表现出随施氮量增加而增加的趋势，其中 LN、MN 和 HN 处理下土壤 N_2O 年均排放通量均显著高于 CK 处理 ($P<0.05$)[图 6-10(a)]。2014 年 5 月 ~ 2015 年 4 月，在 LSOC 样地，CK、LN、MN 和 HN 处理下土壤 N_2O 年均排放通量分别为 11 $\mu g \cdot m^{-2} \cdot h^{-1}$、19 $\mu g \cdot m^{-2} \cdot h^{-1}$、33 $\mu g \cdot m^{-2} \cdot h^{-1}$ 和 61 $\mu g \cdot m^{-2} \cdot h^{-1}$，表现出随施氮量增加而增加的趋势；在 HSOC 样地，CK、LN、MN 和 HN 处理下土壤 N_2O 年均排放通量为 13 $\mu g \cdot m^{-2} \cdot h^{-1}$、20 $\mu g \cdot m^{-2} \cdot h^{-1}$、35 $\mu g \cdot m^{-2} \cdot h^{-1}$ 和 74 $\mu g \cdot m^{-2} \cdot h^{-1}$，也表现出随施氮量增加而增加的趋势 [图 6-10(b)]。

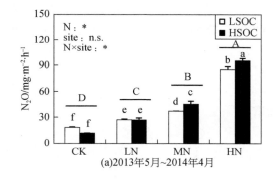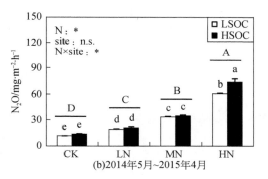

图 6-10　不同土壤有机碳水平桉树林在不同施氮处理下年均土壤 N_2O 年均排放通量

注：LSOC 和 HSOC 分别表示低土壤有机碳水平样地和高土壤有机碳水平样地；CK、LN、MN 和 HN 分别表示对照、低施氮处理、中施氮处理和高施氮处理；N、site、N×site 分别表示施氮的作用、土壤有机碳水平的作用、施氮和土壤有机碳水平的交互作用。* 表示作用显著；n.s. 表示作用不显著；不同的大写字母表示不同施氮处理间差异显著 ($P<0.05$)，不同小写字母表示不同有机碳水平样地的不同施氮处理间差异显著 ($P<0.05$)。

本节结果与 Wang 等 (2014) 的研究结果一致。土壤 N_2O 排放受微生物硝化和反硝化过程调控。在氮限制的土壤中，植物根系和微生物间存在对氮素的激烈竞争。施氮可提高土壤氮素含量，增加硝化、反硝化细菌数量和活性，进而促进土壤 N_2O 排放 (Venterea et al., 2003；Zhang et al., 2008)。

另外，施氮对桉树人工林土壤 N_2O 排放有促进效应，且促进效应在生长季高于非生长季。在生长季，LSOC 样地的 CK 处理下土壤 N_2O 平均排放通量为 18 $\mu g \cdot m^{-2} \cdot h^{-1}$，HN 处理下土壤 N_2O 平均排放通量为 112 $\mu g \cdot m^{-2} \cdot h^{-1}$，比 CK 处理高 5 倍；在非生长季，CK 处理下土壤 N_2O 平均排放通量为 9 $\mu g \cdot m^{-2} \cdot h^{-1}$，HN 处理下土壤 N_2O 平均排放通量为 18 $\mu g \cdot m^{-2} \cdot h^{-1}$，比 CK 处理高 1 倍。在 HSOC 样地，生长季 CK 处理下土壤 N_2O 平均排放通量为 16 $\mu g \cdot m^{-2} \cdot h^{-1}$，HN 处理下土壤 N_2O 平均排放通量为 131 $\mu g \cdot m^{-2} \cdot h^{-1}$，比 CK 处理高 7 倍；非生长季 CK 处理下土壤 N_2O 平均排放通量为 7 $\mu g \cdot m^{-2} \cdot h^{-1}$，HN 处理下土壤

N_2O 平均排放通量为 19 $\mu g \cdot m^{-2} \cdot h^{-1}$，比 CK 处理高约 2 倍 (图 6-9)。

这与施氮时间和所用缓释氮肥的分解释放时期 (120 d) 一致。在生长季，较好的水热条件有利于植物肥料养分的吸收，同时，较高的微生物活性也促进了土壤硝化和反硝化过程，导致土壤 N_2O 的排放对施氮的响应更敏感；而在非生长季，氮肥消耗殆尽，加之温度降低、降雨减少，导致土壤 N_2O 排放水平较低，施氮的促进效应不明显。

6.3.3 有机碳水平对土壤 N_2O 排放的影响

有机碳是反映土壤质量的重要指标，与土壤养分及其可利用性密切相关，可以通过影响底物数量和可利用性、土壤微生物群落及活性影响土壤 N_2O 排放。通常而言，较高的土壤有机碳对应较高的养分可利用性、微生物生物量和活性 (苏丹等，2014)，这会促进土壤反硝化过程 (Senbayram et al., 2012)，从而增加土壤 N_2O 排放。而本节并未发现 HSOC 样地土壤 N_2O 年均排放通量显著高于 LSOC 样地 (图 6-10)。

另外，在 2014 年 5 月月底施氮后，LSOC 和 HSOC 样地土壤 N_2O 排放峰值的出现时间存在差异。在 LSOC 样地，土壤 N_2O 排放的峰值出现在施肥后 1 ~ 2 周；而在 HSOC 样地，土壤 N_2O 排放的峰值出现在施肥后 4 ~ 5 周，即施氮后，HSOC 样地土壤 N_2O 峰值的出现比 LSOC 样地晚了 2 ~ 3 周 (图 6-8)。

6.3.4 施氮和土壤有机碳水平的交互作用

施氮和土壤有机碳水平对桉树人工林土壤 N_2O 排放的影响存在显著交互作用。施氮对土壤 N_2O 排放的促进效应在高土壤有机碳条件下更为显著。2013 年 5 月 ~ 2014 年 4 月，在 LSOC 样地，LN、MN 和 HN 处理下土壤 N_2O 年均排放通量分别是 CK 处理的 1.5 倍、2.1 倍和 4.7 倍，而在 HSOC 样地，LN、MN 和 HN 处理下土壤 N_2O 年均排放通量分别是 CK 处理的 2.3 倍、3.8 倍和 7.9 倍 [图 6-10(a)]；2014 年 5 月 ~ 2015 年 4 月，在 LSOC 样地，LN、MN 和 HN 处理下土壤 N_2O 年均排放通量分别是 CK 处理的 1.7 倍、2.0 倍和 5.5 倍，而在 HSOC 样地，LN、MN 和 HN 处理下土壤 N_2O 年均排放通量分别是 CK 处理的 1.2 倍、2.7 倍和 5.7 倍 [图 6-10(b)]。

另外，土壤有机碳对桉树人工林 N_2O 排放的促进效应在高施氮量处理下更强。2013 年 5 月 ~ 2014 年 4 月，在 CK 和 LN 处理下，HSOC 样地土壤 N_2O 年均排放通量与 LSOC 样地无显著差异，而在 MN 和 HN 处理下，HSOC 样地土壤 N_2O 年均排放通量显著高于 LSOC 样地 ($P<0.05$)[图 6-10(a)]。2014 年 5 月 ~ 2015 年 4 月，在 CK、LN 和 MN 处理下，HSOC 样地土壤 N_2O 年均排放通量与 LSOC 样地无显著差异，而在 HN 处理下，HSOC 样地土壤 N_2O 年均排放通量显著高于 LSOC 样地 ($P<0.05$)[图 6-10(b)]。

这可能是因为施氮导致 N_2O 产生的限制因子发生了变化。通常而言，反硝化作用是土壤产生 N_2O 的重要过程，受底物可利用性、能量来源和厌氧环境等条件限制 (Tiedje，1982)。在低施氮量处理下，底物可利用性是反硝化过程的主要限制因子，作为能量来源的有机碳影响较小，从而导致反硝化过程和土壤 N_2O 排放在 HSOC 和 LSOC 样地之间无差异。而在高施氮量处理下，底物可利用性高，能量来源成为反硝化过程的重要限制因子，高有机碳土壤可以为反硝化过程提供更多的能量来源和电子受体 (Beauchamp et al., 1989)，从而导致土壤 N_2O 排量在 HSOC 样地高于 LSOC 样地。另外高土壤有机碳样地较高的土壤呼吸会消耗更多 O_2，造成厌氧环境，这也有利于反硝化过程和 N_2O 生成 (Russow et al., 2008)。

    鉴于施氮和土壤有机碳水平对土壤 N_2O 排放影响的交互作用，在评估施氮引起的温室气体排放时，考虑土壤有机碳的影响将有助于降低温室气体排放因子的变异 (Abdalla et al., 2010)。另外，根据土壤有机碳水平合理使用氮肥将有助于降低桉树人工林土壤温室气体排放的风险 (Zhang et al., 2017)。

第7章 | 桉树人工林施氮对土壤养分淋溶的影响

土壤的养分淋溶是生态系统养分流失的重要途径之一，特别是在我国降雨较多的南方地区。土壤养分的淋溶不仅降低了肥料利用率，也增加了水环境污染的风险。影响土壤养分淋溶的因子很多，包括降雨量和降雨强度、坡度、地表植被特征、土壤结构和理化特征等。明确不同因子的影响及其交互作用，将有助于减少土壤养分淋溶、提高肥料利用率和降低水环境污染的风险。

我国南方桉树人工林的常规管理措施包括整地、翻耕、施肥、除草等。其中，施氮肥是维持林地生产力的重要措施，但施加的氮肥在土壤中转化极快，加之当地高温多雨的气候特征，极易以硝态氮的形式从土壤中淋失，而硝态氮的淋失必然会导致其他伴随阳离子的淋失。另外，养分的淋失也受土壤吸附能力的影响，而有机质是影响土壤吸附能力的重要因子。因此，研究施氮对不同土壤有机碳水平桉树人工林土壤养分淋溶的影响，不仅有助于明确碳、氮因子对土壤养分淋溶的影响及交互作用，也可为桉树人工林的经营管理提供参考。

本章中，桉树人工林土壤养分淋溶采用模型模拟和原位监测相结合的方法。首先，用水文模型 BROOK90 模型对桉树人工林土壤水分淋溶进行模拟；其次，用陶瓷头土壤溶液取样器收集土壤溶液，运回实验室测定土壤溶液养分浓度；最后，结合模型模拟的土壤水分淋溶量和测定的土壤溶液养分浓度，计算土壤养分淋溶量。

7.1 桉树人工林土壤水分动态模拟

本节利用 BROOK90 模型对桉树人工林样地土壤水分特征和淋溶量进行模拟。因冬季降雨少，未能收集到土壤溶液，仅对 2013 年 4 ~ 11 月桉树人工林土壤水分淋溶情况进行模拟，旨在确定桉树人工林土壤水分的淋溶动态和淋溶量。

7.1.1 BROOK90 模型参数设置

BROOK90 模型是一个机理性的水文模型，涉及的模型参数包括地理位置、水流、冠层、土壤等。因为本节中的两个桉树人工林样地立地条件比较类似，所以本节中两个样地使用同一套地理位置、水流、冠层、土壤等参数，其中地理位置、水流参数设置见表 7-1，土壤参数设置见表 7-2，冠层数据采用 BROOK90 模型推荐的 *Eucalyptus* 的参数。因该研究地区桉树根系较浅，根系主要分布在表层 50 cm 以上土壤中，故认为土壤水分淋溶深度超过 50 cm 土层的，即不可被植物根系吸收利用。土壤参数中的土层深度设为 50 cm，土层设为 5 层，每 10 cm 一层，便于和土壤剖面含水量的实测值进行对比，以矫正模型参数。水流模型采用简单的一维水流模型，BYPAR 参数设为 0。

表 7-1 桉树人工林的 **BROOK90** 模型地理位置、水流参数设置

参数			数值
地理位置	Radiation	Latitude, degN	22.35
		Eslope, deg	7
		Aspect, degCW	147.5
	Snowmelt	Rstemp, degC	−0.5
		Melfac, MJ m^{-2} d^{-1} k^{-1}	1.5
水流	Infiltration	IDEPTH, mm	600
		INFEXP, f	0.3
		IMPERV, f	0.1
		BYPAR, n	0
		QDEPTH	0
		QFPAR, f	0.3
		QFFC, f	0.2
	Drainage	LENGTH, m	100
		DSLOPE, deg	0
		DRAIN, f	1
		GSC, f	0
		GSP, f	0

表 7-2 桉树人工林的 **BROOK90** 模型土壤参数设置

土壤	THICK/ mm	STONEF/ f	PSIF/ kPa	THETAF/ f	THSAT/ f	BEXP	KF/ mm·d^{-1}	WETINF/ f
1	100	0.01	−12	0.12	0.40	4	2	0.92
2	100	0.01	−12	0.20	0.40	6	2	0.92
3	100	0.01	−12	0.30	0.45	8	2	0.92
4	100	0.01	−12	0.35	0.45	8	2	0.92
5	100	0.01	−10	0.45	0.50	9	2	0.92

BROOK90 模型所使用的温度和降雨数据为 L99-YLWS 型温度湿度雨量记录仪监测数据，用于广西国有东门林场桉树人工林水文模拟的日均温度和降雨量，如图 7-1 所示。

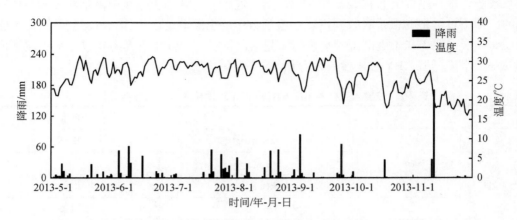

图 7-1 广西国有东门林场日均温度和降雨量 (2013 年 5 ~ 11 月)

7.1.2 土壤剖面含水量的模拟值和实测值的比较

参数设置好后，用 BROOK90 模型对样地水文过程进行模拟，同时将土壤剖面含水量的模拟值与实测值进行比较，检验和调整模型参数。从图 7-2 可以看出，经过适当的参数调整后，10 cm、20 cm、30 cm 和 50 cm 深度土壤剖面含水量的模拟值和实测值基本一致。

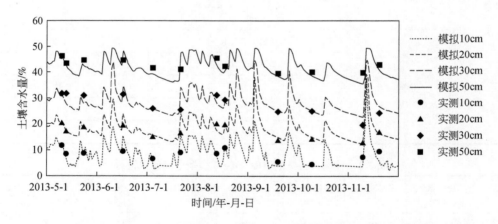

图 7-2 桉树人工林土壤含水量实测值和 BROOK90 模型模拟值比较 (2013 年 5 ~ 11 月)

同时，对土壤剖面含水量实测值和模拟值进行 Pearson 相关系数分析，结果表明二者显著相关 ($P<0.001$)，R^2 达到 0.9464(图 7-3)。由此可见，BROOK90 模型可以较好地模拟本章样地的土壤剖面含水量和水文特征。

从模型模拟的结果可以看出，桉树人工林土壤剖面含水量变化范围为 4% ~ 50%，土壤含水量随土层深度增加而增加，降雨是驱动土壤剖面含水量时间变化的主要因子。

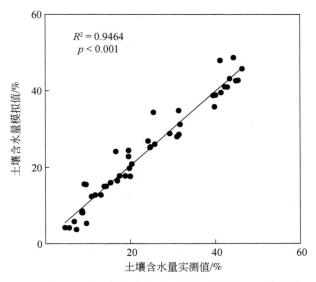

图 7-3   桉树人工林土壤含水量实测值和模拟值的相关分析

7.1.3   BROOK90 模型模拟土壤水分淋溶量

经参数调整后，BROOK90 模型可以较好地模拟本章样地的土壤水文特征，因此，以温度、降雨、湿度、太阳辐射、风速等气象参数做驱动因子，用 BROOK90 模型对桉树人工林样地 50 cm 深土壤水分淋溶进行动态模拟。模拟结果表明，2013 年 5 月 1 日 ~ 11 月 30 日，该地区桉树人工林降雨量为 1276 mm，50 cm 深处土壤水分淋溶量为 79 mm(图 7-4)。另外，土壤水分淋溶主要受降雨事件驱动。

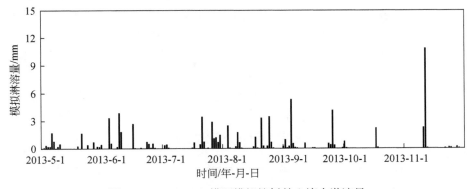

图 7-4   BROOK90 模型模拟桉树林土壤水淋溶量

7.2   施氮对土壤溶液养分浓度的影响

2013 年 5 ~ 11 月，在广西国有东门林场内的低土壤有机碳水平桉树人工林 (LSOC) 和高土壤有机碳水平桉树人工林 (HSOC) 的不同施氮处理 (CK、LN、MN 和 HN) 下，利用陶瓷头土壤溶液取样器，采集 50 cm 深处土壤溶液，测定土壤溶液的碳 (C)、氮 (N)、钾 (K)、钙 (Ca)、钠 (Na) 和镁 (Mg) 等元素浓度，旨在明确施氮和土壤有机碳水平对桉树人工林土壤溶液元素浓度的影响及交互作用。

2013 年 5 ～ 11 月，桉树人工林不同施氮处理 50 cm 深处土壤溶液 C、N、K、Ca、Na 和 Mg 浓度变化范围分别为 5.6 ～ 16.1 mg·L^{-1}、1.9 ～ 68.4 mg·L^{-1}、2.2 ～ 9.4 mg·L^{-1}、8.2 ～ 29.0 mg·L^{-1}、2.7 ～ 6.0 mg·L^{-1} 和 16.8 ～ 61.1 mg·L^{-1}。

对施氮和土壤有机碳水平进行双因素方差分析，结果表明，施氮显著影响了土壤溶液 C、N、K、Ca 和 Mg 浓度 ($P<0.05$)；土壤有机碳水平对土壤溶液 N、K、Ca 和阳离子浓度存在显著影响 ($P<0.05$)；施氮和土壤有机碳水平对土壤溶液 C、K、Ca、Na 和 Mg 浓度的影响存在显著交互作用 ($P<0.05$)(表 7-3)。

表 7-3　土壤有机碳水平和施氮影响桉树林土壤元素浓度的双因素方差分析

处理效应	C	N	K	Ca	Na	Mg	阳离子
施氮	<0.001	<0.001	<0.001	<0.001	0.166	<0.001	<0.001
土壤有机碳水平	0.148	0.045	<0.001	<0.001	0.449	0.154	0.001
施氮 × 土壤有机碳水平	<0.001	0.079	0.001	0.001	0.048	0.006	0.009

注：当 $P<0.05$ 时，表示影响显著。

7.2.1　土壤溶液元素浓度的月变化特征

桉树人工林土壤溶液 C、K、Ca、Na 浓度表现出一定的月变化特征。在 HSOC 样地的所有施氮处理下和 LSOC 样地的 CK 和 LN 处理下，土壤溶液 C 浓度在水热较好的 6 月和 8 月较高，而其他月份较低；在 LSOC 样地的 MN 和 LN 处理下，土壤溶液 C 浓度在 10 月较高，其他月份较低。在 HSOC 样地和 LSOC 样地的所有施氮处理下，土壤溶液 K 浓度在 10 月和 11 月较高，而其他月份较低。在 HSOC 样地的所有施氮处理下和 LSOC 样地的 CK 和 LN 处理下，土壤溶液 Ca 浓度在施氮后的 6 月较高，而其他月份较低；而在 LSOC 样地的 MN 和 HN 处理下，土壤溶液 Ca 浓度在 10 月和 11 月较高。在 HSOC 样地和 LSOC 样地的所有施氮处理下，土壤溶液 Na 浓度在施氮后的 6 月较高，而其他月份较低 (表 7-4)。桉树人工林土壤溶液其他元素浓度未表现出特定的月变化特征。

表 7-4　桉树人工林不同月份土壤溶液 (50 cm 深度) 碳、氮、钾、钙、钠、镁浓度

样地	施氮处理	月份	C/mg·L^{-1}	N/mg·L^{-1}	K/mg·L^{-1}	Ca/mg·L^{-1}	Na/mg·L^{-1}	Mg/mg·L^{-1}
LSOC	CK	5	5.4 ± 1.3	1.8 ± 0.6	1.6 ± 0.2	7.4 ± 0.8	1.3 ± 0.1	15.8 ± 1.1
		6	10.5 ± 0.4	2.3 ± 0.6	0.4 ± 0.1	17.7 ± 0.6	7.0 ± 0.9	19.7 ± 1.9
		8	10.5 ± 0.4	3.6 ± 0.4	1.0 ± 0.3	9.4 ± 0.7	0.5 ± 0.1	16.2 ± 0.5
		10	5.9 ± 0.9	3.5 ± 0.1	4.3 ± 0.2	8.4 ± 0.4	3.1 ± 0.6	15.5 ± 1.1
		11	6.0 ± 0.5	4.6 ± 1.1	4.3 ± 0.7	8.7 ± 1.3	1.4 ± 0.2	17.0 ± 1.0

样地	施氮处理	月份	C/mg·L^{-1}	N/mg·L^{-1}	K/mg·L^{-1}	Ca/mg·L^{-1}	Na/mg·L^{-1}	Mg/mg·L^{-1}
LSOC	LN	5	5.5 ± 1.6	2.9 ± 0.3	1.7 ± 0.1	10.5 ± 1.3	1.2 ± 0.4	19.8 ± 1.6
		6	13.7 ± 1.0	3.7 ± 1.6	0.7 ± 0.1	22.6 ± 2.1	20.4 ± 1.0	42.1 ± 1.0
		8	13.7 ± 1.0	22.4 ± 3.1	0.4 ± 0.1	17.5 ± 1.6	0.6 ± 0.4	28.9 ± 3.3
		10	7.0 ± 0.8	22.0 ± 1.9	9.0 ± 1.7	17.2 ± 3.3	2.5 ± 0.4	30.8 ± 0.8
		11	5.5 ± 0.3	16.7 ± 6.8	6.6 ± 0.9	16.1 ± 3.2	1.2 ± 0.2	25.3 ± 0.7
	MN	5	5.9 ± 1.7	2.2 ± 0.2	1.4 ± 0.1	7.0 ± 1.5	1.2 ± 0.2	21.6 ± 1.9
		6	7.3 ± 1.0	6.2 ± 1.6	0.7 ± 0.2	18.4 ± 1.1	17.5 ± 3.6	29.7 ± 3.0
		8	7.3 ± 1.0	47.4 ± 1.0	0.4 ± 0.1	16.6 ± 2.5	1.2 ± 0.3	33.3 ± 2.1
		10	16.3 ± 3.5	25.4 ± 4.7	20.4 ± 2.2	40.5 ± 3.7	5.1 ± 0.6	46.8 ± 10.9
		11	10.6 ± 2.7	61.1 ± 0.4	24.1 ± 3.7	36.8 ± 7.1	1.9 ± 0.4	34.4 ± 6.7
	HN	5	5.3 ± 1.8	3.1 ± 0.1	1.8 ± 0.1	7.9 ± 0.9	1.0 ± 0.2	22.8 ± 0.7
		6	11.7 ± 0.1	54.2 ± 4.7	1.5 ± 0.2	32.0 ± 1.0	9.0 ± 4.0	76.4 ± 11.0
		8	11.7 ± 0.1	76.1 ± 1.3	0.7 ± 0.1	33.9 ± 2.4	2.1 ± 0.6	50.6 ± 2.5
		10	18.4 ± 2.4	31.1 ± 9.2	21.2 ± 4.2	34.6 ± 4.0	5.7 ± 1.1	74.2 ± 5.0
		11	10.1 ± 2.6	78.8 ± 14.0	19.6 ± 2.3	36.7 ± 3.3	2.1 ± 0.3	81.4 ± 8.1
HSOC	CK	5	2.7 ± 1.1	3.7 ± 1.7	1.7 ± 0.1	8.3 ± 2.2	2.1 ± 0.3	21.0 ± 5.2
		6	8.1 ± 3.0	0.7 ± 0.3	1.2 ± 0.1	14.8 ± 1.3	12.0 ± 0.7	27.5 ± 3.4
		8	9.6 ± 0.7	2.3 ± 0.6	1.5 ± 0.1	5.6 ± 0.4	0.4 ± 0.1	18.1 ± 0.7
		10	4.8 ± 0.8	1.7 ± 0.4	3.8 ± 0.6	7.2 ± 1.1	7.0 ± 1.0	24.7 ± 2.5
		11	3.9 ± 0.2	1.1 ± 0.2	2.6 ± 0.5	5.1 ± 0.9	2.1 ± 0.3	20.3 ± 1.2
	LN	5	2.5 ± 0.9	8.2 ± 1.0	2.3 ± 0.3	7.9 ± 1.3	2.4 ± 0.3	24.0 ± 2.4
		6	7.5 ± 1.2	28.8 ± 3.1	1.2 ± 0.3	16.0 ± 2.6	6.8 ± 0.6	25.1 ± 5.3
		8	9.8 ± 1.0	18.0 ± 0.5	1.1 ± 0.3	13.1 ± 1.2	10.2 ± 4.2	19.9 ± 0.1
		10	5.2 ± 1.6	31.5 ± 4.5	5.0 ± 0.9	9.6 ± 1.7	5.1 ± 0.7	25.3 ± 2.1
		11	7.0 ± 1.3	30.3 ± 2.2	4.5 ± 0.9	8.9 ± 1.8	1.7 ± 0.3	20.2 ± 1.6
	MN	5	1.9 ± 0.7	2.1 ± 0.1	1.9 ± 0.3	7.4 ± 2.4	2.2 ± 0.9	24.5 ± 5.4
		6	20.7 ± 0.9	58.7 ± 1.6	4.0 ± 0.5	27.5 ± 1.4	8.2 ± 1.3	41.5 ± 1.8
		8	20.7 ± 0.9	74.1 ± 2.8	1.1 ± 0.3	20.4 ± 1.0	0.8 ± 0.0	35.3 ± 1.0
		10	8.9 ± 0.3	71.9 ± 29.8	8.0 ± 0.4	15.4 ± 2.0	3.7 ± 0.3	61.3 ± 7.4
		11	6.9 ± 0.6	52.3 ± 4.2	8.2 ± 2.4	15.9 ± 4.7	1.8 ± 0.4	32.3 ± 6.6

续表

样地	施氮处理	月份	C/mg·L⁻¹	N/mg·L⁻¹	K/mg·L⁻¹	Ca/mg·L⁻¹	Na/mg·L⁻¹	Mg/mg·L⁻¹
HSOC	HN	5	2.5 ± 1.2	4.2 ± 0.7	1.9 ± 0.5	6.3 ± 2.1	2.0 ± 0.3	17.2 ± 2.7
		6	25.5 ± 1.9	56.7 ± 2.3	2.6 ± 0.4	19.9 ± 0.7	17.5 ± 1.6	39.6 ± 6.2
		8	25.5 ± 1.9	73.7 ± 1.1	1.9 ± 1.0	13.9 ± 2.0	1.2 ± 0.5	38.1 ± 2.7
		10	11.8 ± 1.0	139.1 ± 6.4	9.3 ± 2.1	19.2 ± 3.0	6.7 ± 0.2	83.1 ± 5.0
		11	15.2 ± 2.1	78.4 ± 7.2	7.5 ± 1.2	14.7 ± 2.3	2.4 ± 0.2	61.0 ± 3.3

注: LSOC 和 HSOC 分别表示低土壤有机碳水平样地和高土壤有机碳水平样地; CK、LN、MN 和 HN 分别表示对照、低施氮处理、中施氮处理和高施氮处理; C 碳, N 氮, K 钾, Ca 钙, Na 钠, Mg 镁。

7.2.2 施氮对土壤溶液元素浓度的影响

施氮显著增加了桉树人工林土壤溶液 C 浓度 (2013 年 5 ~ 11 月)。在 LSOC 样地，CK、LN、MN 和 HN 处理下桉树人工林土壤溶液 C 浓度分别为 7.07 mg·L⁻¹、9.07 mg·L⁻¹、9.22 mg·L⁻¹ 和 11.67 mg·L⁻¹，表现出随施氮量增加而增加的趋势，其中，HN 处理下土壤溶液 C 浓度显著高于 CK 处理 ($P<0.05$)，比 CK 处理高 65%。在 HSOC 样地，CK、LN、MN 和 HN 处理下土壤溶液 C 浓度分别为 5.58 mg·L⁻¹、6.57 mg·L⁻¹、11.79 mg·L⁻¹ 和 16.11 mg·L⁻¹，亦表现出随施氮量增加而增加的趋势，其中，MN 和 HN 处理下土壤溶液 C 浓度显著高于 CK 处理 ($P<0.05$)，分别比 CK 处理高 1 倍和 2 倍 (图 7-5)。

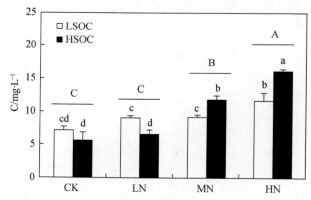

图 7-5　不同有机碳水平和施氮处理下桉树人工林土壤溶液 C 浓度

注: LSOC 和 HSOC 分别表示低土壤有机碳水平样地和高土壤有机碳水平样地; CK、LN、MN 和 HN 分别表示对照、低施氮处理、中施氮处理和高施氮处理; 不同大写字母表示不同施氮处理间差异显著 ($P<0.05$); 不同小写字母表示不同土壤有机碳水平样地的不同施氮处理间差异显著 ($P<0.05$)。

施氮显著增加了桉树人工林生长季土壤溶液 N 浓度。在 LSOC 样地，CK、LN、MN 和 HN 处理下桉树生长季土壤溶液 N 浓度分别为 3.16 mg·L⁻¹、13.47 mg·L⁻¹、25.59 mg·L⁻¹ 和 55.18 mg·L⁻¹，表现出随施氮量增加而增加的趋势，且各处理间差异显著 ($P<0.05$)。LN、MN 和 HN 处理下土壤溶液 N 浓度分别比 CK 处理高 3 倍、7 倍和 16 倍。在 HSOC 样地，

CK、LN、MN 和 HN 处理下土壤溶液 N 浓度分别为 1.89 mg·L^{-1}、23.67 mg·L^{-1}、46.64 mg·L^{-1}和64.77 mg·L^{-1}，亦表现出随施氮量增加而增加的趋势，且各处理间差异显著($P<0.05$)。LN、MN 和 HN 处理下土壤溶液 N 浓度分别比 CK 处理高 12 倍、24 倍和 33 倍 (图 7-6)。

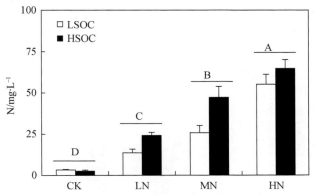

图 7-6　不同有机碳水平和施氮处理下桉树人工林土壤溶液 N 浓度

注：LSOC 和 HSOC 分别表示低土壤有机碳水平样地和高土壤有机碳水平样地；CK、LN、MN 和 HN 分别表示对照、低施氮处理、中施氮处理和高施氮处理；不同大写字母表示不同施氮处理间差异显著 ($P<0.05$)。

施氮显著增加了桉树人工林生长季土壤溶液 K 浓度。在 LSOC 样地，CK、LN、MN 和 HN 处理下桉树生长季土壤溶液 K 浓度分别为 2.32 mg·L^{-1}、3.68 mg·L^{-1}、9.41 mg·L^{-1} 和 8.97 mg·L^{-1}，表现出随施氮量先增加后降低的趋势，其中，MN 和 HN 处理下土壤溶液 K 浓度显著高于 CK 处理 ($P<0.05$)，均比 CK 处理高 3 倍。在 HSOC 样地，CK、LN、MN 和 HN 处理下土壤溶液 K 浓度分别为 2.15 mg·L^{-1}、2.81 mg·L^{-1}、4.64 mg·L^{-1} 和 4.66 mg·L^{-1}，表现出随施氮量增加而增加的趋势，其中，HN 处理下土壤溶液 K 浓度显著高于 CK 处理 ($P<0.05$)，比 CK 处理高 1 倍 (图 7-7)。

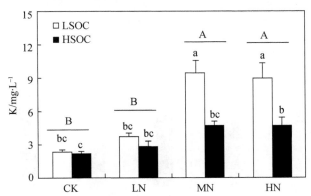

图 7-7　不同有机碳水平和施氮处理下桉树人工林土壤溶液 K 浓度

注：LSOC 和 HSOC 分别表示低土壤有机碳水平样地和高土壤有机碳水平样地；CK、LN、MN 和 HN 分别表示对照、低施氮处理、中施氮处理和高施氮处理；不同大写字母表示不同施氮处理间差异显著 ($P<0.05$)；不同小写字母表示不同土壤有机碳水平样地的不同施氮处理间差异显著 ($P<0.05$)。

施氮显著增加了桉树人工林生长季土壤溶液 Ca 浓度。在 LSOC 样地，CK、LN、MN 和 HN 处理下桉树生长季土壤溶液 Ca 浓度分别为 10.31 mg·L^{-1}、16.77 mg·L^{-1}、

23.00 mg·L⁻¹ 和 29.03 mg·L⁻¹，表现出随施氮量增加而增加的趋势，且各处理间差异显著（*P*<0.05），LN、MN 和 HN 处理下土壤溶液 Ca 浓度分别比 CK 处理高 0.6 倍、1.3 倍和 1.8 倍。在 HSOC 样地，CK、LN、MN 和 HN 处理下土壤溶液 Ca 浓度分别为 8.22 mg·L⁻¹、11.08 mg·L⁻¹、17.35 mg·L⁻¹ 和 14.81 mg·L⁻¹，表现出随施氮量增加而增加的趋势，其中，MN 和 HN 处理下土壤溶液 Ca 浓度显著高于 CK 处理（*P*<0.05），均比 CK 处理高约 1 倍（图 7-8）。

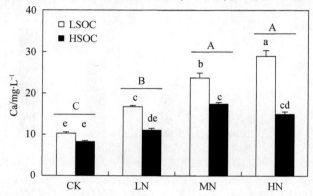

图 7-8　不同有机碳水平和施氮处理下桉树人工林土壤溶液 Ca 浓度

注：LSOC 和 HSOC 分别表示低土壤有机碳水平样地和高土壤有机碳水平样地；CK、LN、MN 和 HN 分别表示对照、低施氮处理、中施氮处理和高施氮处理；不同大写字母表示不同施氮处理间差异显著（*P*<0.05）；不同小写字母表示不同土壤有机碳水平样地的不同施氮处理间差异显著（*P*<0.05）。

施氮对桉树人工林生长季土壤溶液 Na 浓度影响不显著。在 LSOC 样地，CK、LN、MN 和 HN 处理下桉树生长季土壤溶液 Na 浓度分别为 2.68 mg·L⁻¹、5.20 mg·L⁻¹、5.39 mg·L⁻¹ 和 3.96 mg·L⁻¹，在 LN 和 MN 处理下显著高于 CK 处理（*P*<0.05）。在 HSOC 样地，CK、LN、MN 和 HN 处理下土壤溶液 Na 浓度分别为 4.72 mg·L⁻¹、5.25 mg·L⁻¹、3.34 mg·L⁻¹ 和 5.97 mg·L⁻¹，各施氮处理与 CK 处理间差异不显著（图 7-9）。

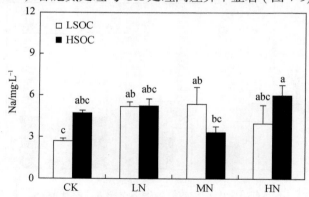

图 7-9　不同有机碳水平和施氮处理下桉树人工林土壤溶液 Na 浓度

注：LSOC 和 HSOC 分别表示低土壤有机碳水平样地和高土壤有机碳水平样地；CK、LN、MN 和 HN 分别表示对照、低施氮处理、中施氮处理和高施氮处理；不同小写字母表示不同土壤有机碳水平样地的不同施氮处理间差异显著（*P*<0.05）。

施氮显著增加了桉树人工林生长季土壤溶液 Mg 浓度。在 LSOC 样地，CK、LN、MN 和 HN 处理下桉树生长季土壤溶液 Mg 浓度分别为 16.83 mg·L⁻¹、29.39 mg·L⁻¹、33.17 mg·L⁻¹

和 61.07 mg·L^{-1}，表现出随施氮量增加而增加的趋势，LN、MN 和 HN 处理下土壤溶液 Mg 浓度均显著高于 CK 处理 ($P<0.05$)，分别比 CK 处理高 0.7 倍、1 倍和 2.6 倍。在 HSOC 样地，CK、LN、MN 和 HN 处理下土壤溶液 Mg 浓度分别为 22.34 mg·L^{-1}、22.92 mg·L^{-1}、38.99 mg·L^{-1} 和 47.79 mg·L^{-1}，表现出随施氮量增加而增加的趋势，其中，MN 和 HN 处理下土壤溶液 Mg 浓度显著高于 CK 处理 ($P<0.05$)，分别比 CK 处理高 0.7 和 1.1 倍 (图 7-10)。

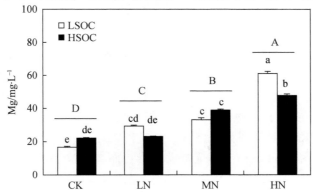

图 7-10　不同有机碳水平和施氮处理下桉树人工林土壤溶液 Mg 浓度

注：LSOC 和 HSOC 分别表示低土壤有机碳水平样地和高土壤有机碳水平样地；CK、LN、MN 和 HN 分别表示对照、低施氮处理、中施氮处理和高施氮处理；不同大写字母表示不同施氮处理间差异显著 ($P<0.05$)；不同小写字母表示不同土壤有机碳水平样地的不同施氮处理间差异显著 ($P<0.05$)。

　　施氮显著增加了桉树人工林生长季土壤溶液阳离子浓度。在 LSOC 样地，CK、LN、MN 和 HN 处理下桉树生长季土壤溶液阳离子浓度分别为 32.10 mg·L^{-1}、55.01 mg·L^{-1}、71.82 mg·L^{-1} 和 103.03 mg·L^{-1}，表现出随施氮量增加而增加的趋势，且各处理间差异显著 ($P<0.05$)，LN、MN 和 HN 处理下土壤溶液阳离子浓度分别比 CK 处理高 0.7 倍、1.2 倍和 2.2 倍。在 HSOC 样地，CK、LN、MN 和 HN 处理下土壤溶液阳离子浓度分别为 36.54 mg·L^{-1}、39.43 mg·L^{-1}、59.97 mg·L^{-1} 和 73.23 mg·L^{-1}，表现出随施氮量增加而增加的趋势，其中，MN 和 HN 处理下土壤溶液阳离子浓度显著高于 CK 处理 ($P<0.05$)，分别比 CK 处理高 0.6 和 1 倍 (图 7-11)。

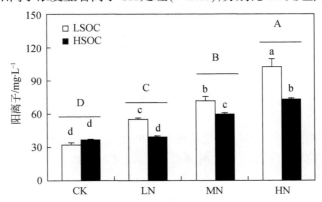

图 7-11　不同有机碳水平和施氮处理下桉树人工林土壤溶液阳离子浓度

注：LSOC 和 HSOC 分别表示低土壤有机碳水平样地和高土壤有机碳水平样地；CK、LN、MN 和 HN 分别表示对照、低施氮处理、中施氮处理和高施氮处理；不同大写字母表示施氮处理间差异显著 ($P<0.05$)；不同小写字母表示不同土壤有机碳的不同施氮处理间差异显著 ($P<0.05$)。

7.2.3　有机碳水平对土壤溶液养分浓度的影响

土壤有机碳水平也是影响土壤溶液养分浓度的重要因素。本节结果表明，土壤有机碳水平对土壤溶液 N、K、Ca 和阳离子浓度存在显著影响 ($P<0.05$)(表 7-3)。

有机碳水平显著影响了桉树人工林生长季土壤溶液 N 浓度。在 CK 处理下，HSOC 样地土壤溶液 N 浓度为 1.89 mg·L^{-1}，与 LSOC 样地土壤溶液 N 浓度 (3.16 mg·L^{-1}) 无显著差异；而在 LN、MN 和 HN 处理下，HSOC 样地土壤溶液 N 浓度分别为 23.67 mg·L^{-1}、46.64 mg·L^{-1} 和 64.77 mg·L^{-1}，显著高于 LSOC 样地土壤溶液 N 浓度 (13.47 mg·L^{-1}、25.59 mg·L^{-1} 和 55.18 mg·L^{-1})($P<0.05$)(图 7-6)。综合所有施氮处理，HSOC 样地土壤溶液 N 浓度显著高于 LSOC 样地。

有机碳水平显著影响了桉树人工林生长季土壤溶液 K 浓度。在 CK 和 LN 处理下，HSOC 样地土壤溶液 K 浓度分别为 2.15 mg·L^{-1} 和 2.81 mg·L^{-1}，与 LSOC 样地土壤溶液 K 浓度 (2.32 mg·L^{-1} 和 3.68 mg·L^{-1}) 无显著差异；而在 MN 和 HN 处理下，HSOC 样地土壤溶液 K 浓度分别为 4.64 mg·L^{-1} 和 4.66 mg·L^{-1}，显著低于 LSOC 样地土壤溶液 K 浓度 (9.41 mg·L^{-1} 和 8.97 mg·L^{-1})($P<0.05$)(图 7-7)。综上，HSOC 样地土壤溶液 K 浓度显著低于 LSOC 样地。

有机碳水平显著影响了桉树人工林生长季土壤溶液 Ca 浓度。在 CK 处理下，HSOC 样地土壤溶液 Ca 浓度为 8.22 mg·L^{-1}，与 LSOC 样地土壤溶液 Ca 浓度 (10.31 mg·L^{-1}) 无显著差异；而在 LN、MN 和 HN 处理下，HSOC 样地土壤溶液 Ca 浓度分别为 11.08 mg·L^{-1}、17.35 mg·L^{-1} 和 14.81 mg·L^{-1}，显著低于 LSOC 样地土壤溶液 Ca 浓度 (16.77 mg·L^{-1}、23.85 mg·L^{-1} 和 29.03 mg·L^{-1})($P<0.05$)(图 7-8)。综上，HSOC 样地土壤溶液 Ca 浓度显著低于 LSOC 样地。

有机碳水平显著影响了桉树人工林生长季土壤溶液阳离子浓度。在 CK 处理下，HSOC 样地土壤溶液阳离子浓度为 36.54 mg·L^{-1}，与 LSOC 样地土壤溶液阳离子浓度 (32.10 mg·L^{-1}) 无显著差异；而在 LN、MN 和 HN 处理下，HSOC 样地土壤溶液阳离子浓度分别为 39.43 mg·L^{-1}、59.97 mg·L^{-1} 和 73.23 mg·L^{-1}，显著低于 LSOC 样地土壤溶液阳离子浓度 (55.01 mg·L^{-1}、71.82 mg·L^{-1} 和 103.03 mg·L^{-1})($P<0.05$)(图 7-11)。综上，HSOC 样地土壤溶液阳离子浓度显著低于 LSOC 样地。

7.2.4　施氮对不同有机碳水平桉树人工林土壤溶液养分浓度影响的比较

对不同土壤有机碳桉树人工林各施氮处理下的土壤溶液养分浓度进行双因素方差分析，结果表明施氮和土壤有机碳水平对土壤溶液 C、K、Ca、Na 和 Mg 浓度的影响存在显著交互作用 ($P<0.05$)(表 7-3)。

施氮和土壤有机碳水平对桉树人工林土壤溶液 C 浓度影响存在显著交互作用 (图 7-5)。在 LSOC 样地，仅 HN 处理下土壤溶液 C 浓度显著高于 CK 处理 ($P<0.05$)，而在 HSOC 样地，MN 和 HN 处理下土壤溶液 C 浓度均显著高于 CK 处理 ($P<0.05$)，表明较高的土壤有机碳水

平样地 C 淋溶对施氮的响应更敏感。在 CK 处理下，HSOC 样地土壤溶液 C 浓度与 LSOC 样地无显著差异，在 LN 处理下，HSOC 样地土壤溶液 C 浓度显著低于 LSOC 样地 ($P<0.05$)，而在 MN 和 HN 处理下，HSOC 样地土壤溶液 C 浓度显著高于 LSOC 样地 ($P<0.05$)，表明较高施氮量时，土壤有机碳水平较高的样地更容易发生 C 淋溶。

　　施氮和土壤有机碳水平对桉树人工林土壤溶液 K 浓度影响存在显著交互作用（图 7-7）。在 LSOC 样地，MN 和 HN 处理下土壤溶液 K 浓度均显著高于 CK 处理 ($P<0.05$)，而在 HSOC 样地，仅 HN 处理下土壤溶液 K 浓度显著高于 CK 处理 ($P<0.05$)，表明较高的土壤有机碳水平样地 K 淋溶对施氮的响应更不敏感。在 CK 和 LN 处理下，HSOC 样地土壤溶液 K 浓度与 LSOC 样地无显著差异，而在 MN 和 HN 处理下，HSOC 样地土壤溶液 K 浓度显著低于 LSOC 样地 ($P<0.05$)，表明在较高施氮量时，土壤有机碳水平较高的样地保持 K 的能力更强。

　　施氮和土壤有机碳水平对桉树人工林土壤溶液 Ca 浓度影响存在显著交互作用（图 7-8）。在 LSOC 样地，土壤溶液 Ca 浓度随施氮量增加而增加，且各处理间差异显著 ($P<0.05$)，而在 HSOC 样地，仅 MN 和 HN 处理下土壤溶液 Ca 浓度显著高于 CK 处理 ($P<0.05$)，表明较高的土壤有机碳水平样地 Ca 淋溶对施氮的响应更不敏感。在 CK 处理下，HSOC 样地土壤溶液 Ca 浓度与 LSOC 样地无显著差异，在 LN、MN 和 HN 处理下，HSOC 样地土壤溶液 Ca 浓度均显著低于 LSOC 样地 ($P<0.05$)，表明在施氮时，土壤有机碳水平较高的样地保持 Ca 的能力更强。

　　施氮和土壤有机碳水平对桉树林土壤溶液 Na 浓度影响存在显著交互作用（图 7-9）。在 LSOC 样地，LN 和 MN 处理下土壤溶液 Na 浓度显著高于 CK 处理 ($P<0.05$)，而在 HSOC 样地，各施氮处理下土壤溶液 Na 浓度与 CK 处理无显著差异，表明较高的土壤有机碳水平样地 Na 淋溶对施氮的响应更不敏感。

　　施氮和土壤有机碳水平对桉树人工林土壤溶液 Mg 浓度影响存在显著交互作用（图 7-10）。在 LSOC 样地，LN、MN 和 HN 处理下土壤溶液 Mg 浓度均显著高于 CK 处理 ($P<0.05$)，而在 HSOC 样地，仅 MN 和 HN 处理下土壤溶液 Mg 浓度显著高于 CK 处理 ($P<0.05$)，表明较高的土壤有机碳水平样地 Mg 淋溶对施氮的响应更不敏感。在 CK、LN 和 MN 处理下，HSOC 样地土壤溶液 Mg 浓度与 LSOC 样地无显著差异，在 HN 处理下，HSOC 样地土壤溶液 Mg 浓度显著低于 LSOC 样地 ($P<0.05$)，表明在高施氮量时，土壤有机碳水平较高的样地保持 Mg 的能力更强。

　　施氮和土壤有机碳水平对桉树人工林土壤溶液阳离子浓度影响存在显著交互作用（图 7-11）。在 LSOC 样地，土壤溶液阳离子浓度随施氮量增加而增加，且各处理间差异显著 ($P<0.05$)，而在 HSOC 样地，仅 MN 和 HN 处理下土壤溶液阳离子浓度显著高于 CK 处理 ($P<0.05$)，表明较高的土壤有机碳水平样地阳离子淋溶对施氮的响应更不敏感。在 CK 处理下，HSOC 样地土壤溶液阳离子浓度与 LSOC 样地无显著差异，而在 LN、MN 和 HN 处理下，HSOC 样地土壤溶液阳离子浓度显著低于 LSOC 样地 ($P<0.05$)，表明在施氮时，土壤有机碳水平较高的样地保持阳离子的能力更强。

7.3 施氮对土壤养分淋溶的影响

结合模型模拟的土壤水分淋溶量和测定的土壤溶液养分浓度，计算 2013 年 5～11 月不同土壤有机碳水平桉树人工林不同施氮处理下的土壤养分淋溶量。研究结果表明，在 2013 年 5～11 月，不同土壤有机碳桉树人工林各施氮处理下土壤 C、N、K、Ca、Na 和 Mg 淋溶量分别为 0.51～1.41 g·m⁻²、0.15～5.13 g·m⁻²、0.15～0.56 g·m⁻²、0.68～2.30 g·m⁻²、0.22～0.49 g·m⁻² 和 1.35～4.75 g·m⁻²。

对不同土壤有机碳水平和施氮处理下桉树人工林土壤养分淋溶量进行双因素方差分析，结果表明，施氮处理对土壤 C、N、K、Ca、Na 和 Mg 的淋溶量影响显著 ($P<0.05$)；土壤有机碳水平对桉树人工林土壤 C、N、K、Ca 和阳离子的淋溶量影响显著 ($P<0.05$)；施氮和土壤有机碳水平对桉树人工林土壤 C、N、K、Ca、Na 和 Mg 淋溶量的影响存在显著交互作用 ($P<0.05$)(表 7-5)。

表 7-5 土壤有机碳和施氮对桉树林土壤养分淋溶量影响的双因素方差分析

处理效应	C	N	K	Ca	Na	Mg	阳离子
施氮	<0.001	<0.001	<0.001	<0.001	0.040	<0.001	<0.001
土壤有机碳水平	0.001	<0.001	0.001	<0.001	0.450	0.062	0.001
施氮 × 土壤有机碳水平	<0.001	<0.001	0.024	<0.001	0.012	0.001	0.001

注：当 $P<0.05$ 时，表示影响显著。

7.3.1 施氮对土壤养分淋溶量的影响

施氮显著增加了桉树生长季土壤 C 淋溶量。在 LSOC 样地，CK、LN、MN 和 HN 处理下桉树生长季土壤 C 淋溶量分别为 0.65 g·m⁻²、0.79 g·m⁻²、0.69 g·m⁻² 和 0.88 g·m⁻²，表现出随施氮量增加而增加的趋势，其中，HN 处理下土壤 C 淋溶量显著高于 CK 处理 ($P<0.05$)，比 CK 处理高 35%。在 HSOC 样地，CK、LN、MN 和 HN 处理下土壤 C 淋溶量分别为 0.51 g·m⁻²、0.54 g·m⁻²、1.06 g·m⁻² 和 1.41 g·m⁻²，表现出随施氮量增加而增加的趋势，其中，MN 和 HN 处理下土壤 C 淋溶量显著高于 CK 处理 ($P<0.05$)，分别比 CK 处理高 108% 和 176%(图 7-12)。

施氮显著增加了桉树生长季土壤 N 淋溶量。在 LSOC 样地，CK、LN、MN 和 HN 处理下桉树生长季土壤 N 淋溶量分别为 0.25 g·m⁻²、1.02 g·m⁻²、2.22 g·m⁻² 和 4.1 g·m⁻²，表现出随施氮量增加而增加的趋势，且各处理间差异显著 ($P<0.05$)，其中，LN、MN 和 HN 处理下土壤 N 淋溶量分别比 CK 处理高 3 倍、8 倍、15 倍。在 HSOC 样地，CK、LN、MN 和 HN 处理下土壤 C 淋溶量分别为 0.15 g·m⁻²、1.79 g·m⁻²、4.17 g·m⁻² 和 5.14 g·m⁻²，表现出随施氮量增加而增加的趋势，且各处理间差异显著 ($P<0.05$)，其中，LN、MN 和 HN 处理下土壤 N 淋溶量分别比 CK 处理高 11 倍、27 倍、33 倍(图 7-13)。

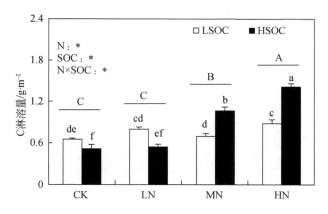

图 7-12　不同有机碳水平和施氮处理桉树人工林土壤 C 淋溶量

注：LSOC 和 HSOC 分别表示低土壤有机碳水平样地和高土壤有机碳水平样地；CK、LN、MN 和 HN 分别表示对照、低施氮处理、
中施氮处理和高施氮处理；N 表示施氮；SOC 表示土壤有机碳水平；N×SOC 表示施氮 × 土壤有机碳水平；不同大写字母表示
不同施氮处理间差异显著 ($P<0.05$)；不同小写字母表示不同土壤有机碳水平样地的不同施氮处理间差异显著 ($P<0.05$)。
* 表示 $P<0.05$。

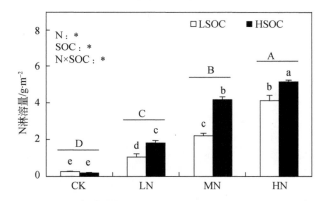

图 7-13　不同有机碳水平和施氮处理桉树人工林土壤 N 淋溶量

注：LSOC 和 HSOC 分别表示低土壤有机碳水平样地和高土壤有机碳水平样地；CK、LN、MN 和 HN 分别表示对照、低施氮处理、
中施氮处理和高施氮处理；N 表示施氮；SOC 表示土壤有机碳水平；N×SOC 表示施氮 × 土壤有机碳水平；不同大写字母表示
不同施氮处理间差异显著 ($P<0.05$)；不同小写字母表示不同土壤有机碳水平样地的不同施氮处理间差异显著 ($P<0.05$)。
* 表示 $P<0.05$。

　　施氮显著增加了桉树生长季土壤 K 淋溶量。在 LSOC 样地，CK、LN、MN 和 HN 处理下桉树生长季土壤 N 淋溶量分别为 $0.15\ \mathrm{g\cdot m^{-2}}$、$0.22\ \mathrm{g\cdot m^{-2}}$、$0.56\ \mathrm{g\cdot m^{-2}}$ 和 $0.54\ \mathrm{g\cdot m^{-2}}$，表现出随施氮量增加而先增加，后趋于平稳的趋势，其中，MN 和 HN 处理下土壤 K 淋溶量显著高于 CK 处理 ($P<0.05$)，分别比 CK 处理高 2.8 倍和 2.6 倍。在 HSOC 样地，CK、LN、MN 和 HN 处理下土壤 K 淋溶量分别为 $0.15\ \mathrm{g\cdot m^{-2}}$、$1.90\ \mathrm{g\cdot m^{-2}}$、$0.32\ \mathrm{g\cdot m^{-2}}$ 和 $0.31\ \mathrm{g\cdot m^{-2}}$，表现出随施氮量增加而先增加，后趋于平稳的趋势，其中，MN 和 HN 处理下土壤 K 淋溶量显著高于 CK 处理 ($P<0.05$)，比 CK 处理高了约 1 倍（图 7-14）。

　　施氮显著增加了桉树生长季土壤 Ca 淋溶量。在 LSOC 样地，CK、LN、MN 和 HN 处理下桉树生长季土壤 Ca 淋溶量分别为 $0.86\ \mathrm{g\cdot m^{-2}}$、$1.36\ \mathrm{g\cdot m^{-2}}$、$1.71\ \mathrm{g\cdot m^{-2}}$ 和 $2.30\ \mathrm{g\cdot m^{-2}}$，表现出随施氮量增加而增加的趋势，且各处理间差异显著 ($P<0.05$)，其中，LN、MN 和

HN 处理下土壤 Ca 淋溶量分别比 CK 处理高 0.6 倍、1.0 倍、1.7 倍。在 HSOC 样地，CK、LN、MN 和 HN 处理下土壤 Ca 淋溶量分别为 0.68 g·m⁻²、0.93 g·m⁻²、1.46 g·m⁻² 和 1.17 g·m⁻²，表现出随施氮量增加而增加的趋势，其中，MN 和 HN 处理下土壤 Ca 淋溶量显著高于 CK 处理 (P<0.05)，分别比 CK 处理高 1.1 倍和 0.7 倍 (图 7-15)。

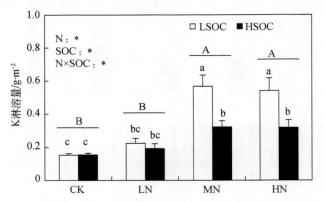

图 7-14　不同有机碳水平和施氮处理桉树人工林土壤 K 淋溶量

注: LSOC 和 HSOC 分别表示低土壤有机碳水平样地和高土壤有机碳水平样地；CK、LN、MN 和 HN 分别表示对照、低施氮处理、中施氮处理和高施氮处理；N 表示施氮；SOC 表示土壤有机碳水平；N×SOC 表示施氮 × 土壤有机碳水平；不同大写字母表示不同施氮处理间差异显著 (P<0.05)；不同小写字母表示不同土壤有机碳水平样地的不同施氮处理间差异显著 (P<0.05)。
* 表示 P<0.05。

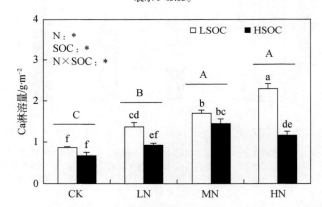

图 7-15　不同有机碳水平和施氮处理桉树人工林土壤 Ca 淋溶量

注: LSOC 和 HSOC 分别表示低土壤有机碳水平样地和高土壤有机碳水平样地；CK、LN、MN 和 HN 分别表示对照、低施氮处理、中施氮处理和高施氮处理；N 表示施氮；SOC 表示土壤有机碳水平；N×SOC 表示施氮 × 土壤有机碳水平；不同大写字母表示不同施氮处理间差异显著 (P<0.05)；不同小写字母表示不同土壤有机碳水平样地的不同施氮处理间差异显著 (P<0.05)。
* 表示 P<0.05。

　　施氮影响了桉树生长季土壤 Na 淋溶量。在 LSOC 样地，CK、LN、MN 和 HN 处理下桉树生长季土壤 Na 淋溶量分别为 0.22 g·m⁻²、0.49 g·m⁻²、0.47 g·m⁻² 和 0.32 g·m⁻²，表现出随施氮量增加先增加后降低的趋势，其中，LN 和 MN 处理下土壤 Na 淋溶量显著高于 CK 处理 (P<0.05)，分别比 CK 处理高 1.2 倍和 1.1 倍。在 HSOC 样地，CK、LN、MN 和 HN 处理下土壤 Na 淋溶量分别为 0.38 g·m⁻²、0.46 g·m⁻²、0.28 g·m⁻² 和 0.51 g·m⁻²，各施氮处理下土壤 Na 淋溶量与 CK 处理无显著差异 (图 7-16)。

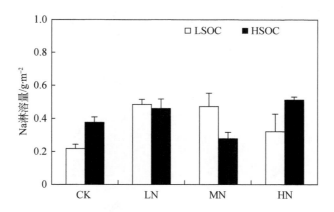

图 7-16　不同有机碳水平和施氮处理桉树人工林土壤 Na 淋溶量

注：LSOC 和 HSOC 分别表示低土壤有机碳水平样地和高土壤有机碳水平样地；CK、LN、MN 和 HN 分别表示对照、低施氮处理、中施氮处理和高施氮处理。

　　施氮显著增加了桉树生长季土壤 Mg 淋溶量。在 LSOC 样地，CK、LN、MN 和 HN 处理下桉树生长季土壤 Mg 淋溶量分别为 1.35 g·m^{-2}、2.39 g·m^{-2}、2.53 g·m^{-2} 和 4.7533 g·m^{-2}，表现出随施氮量增加而增加的趋势，其中，LN、MN 和 HN 处理下土壤 Mg 淋溶量显著高于 CK 处理（$P<0.05$），分别比 CK 处理高 0.8 倍、0.9 倍、2.5 倍。在 HSOC 样地，CK、LN、MN 和 HN 处理下土壤 Mg 淋溶量分别为 1.76 g·m^{-2}、1.78 g·m^{-2}、2.97 g·m^{-2} 和 3.47 g·m^{-2}，表现出随施氮量增加而增加的趋势，其中，MN 和 HN 处理下土壤 Mg 淋溶量显著高于 CK 处理（$P<0.05$），分别比 CK 处理高 0.7 倍和 1.0 倍（图 7-17）。

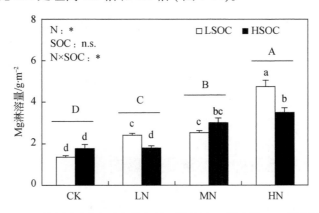

图 7-17　不同有机碳水平和施氮处理桉树人工林土壤 Mg 淋溶量

注：LSOC 和 HSOC 分别表示低土壤有机碳水平样地和高土壤有机碳水平样地；CK、LN、MN 和 HN 分别表示对照、低施氮处理、中施氮处理和高施氮处理；N 表示施氮；SOC 表示土壤有机碳水平；N×SOC 表示施氮 × 土壤有机碳水平；不同大写字母表示不同施氮处理间差异显著（$P<0.05$）；不同小写字母表示不同土壤有机碳水平样地的不同施氮处理间差异显著（$P<0.05$）。
* 表示 $P<0.05$；n.s. 表示无显著差异。

　　施氮显著增加了桉树生长季土壤阳离子淋溶量。在 LSOC 样地，CK、LN、MN 和 HN 处理下桉树生长季土壤阳离子淋溶量分别为 2.58 g·m^{-2}、4.46 g·m^{-2}、5.28 g·m^{-2} 和 7.92 g·m^{-2}，表现出随施氮量增加而增加的趋势，其中，LN、MN 和 HN 处理下土壤阳离子淋溶量显著高于 CK 处理 (*P*<0.05)，分别比 CK 处理高 0.7 倍、1.0 倍、2.0 倍。在 HSOC 样地，CK、LN、MN 和 HN 处理下土壤 Mg 淋溶量分别为 2.97 g·m^{-2}、3.36 g·m^{-2}、5.02 g·m^{-2} 和 5.46 g·m^{-2}，表现出随施氮量增加而增加的趋势，其中，MN 和 HN 处理下土壤阳离子淋溶量显著高于 CK 处理 (*P*<0.05)，分别比 CK 处理高 0.69 倍和 0.84 倍 (图 7-18)。

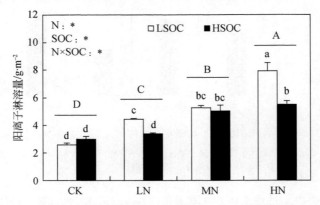

图 7-18　不同有机碳水平和施氮处理桉树人工林土壤阳离子淋溶量

注：LSOC 和 HSOC 分别表示低土壤有机碳水平样地和高土壤有机碳水平样地；CK、LN、MN 和 HN 分别表示对照、低施氮处理、中施氮处理和高施氮处理；N 表示施氮；SOC 表示土壤有机碳水平；N×SOC 表示施氮 × 土壤有机碳水平；不同大写字母表示不同施氮处理间差异显著 (*P*<0.05)；不同小写字母表示不同土壤有机碳水平样地的不同施氮处理间差异显著 (*P*<0.05)。* 表示 *P*<0.05。

　　综上可见，施氮显著增加了桉树林土壤 C、N、K、Ca、Na 和 Mg 淋溶，这与 Yano 等 (2000)、Pregitzer 等 (2004) 和 Mitchell 和 Smethurst (2008) 等研究结果类似。施氮会促进易分解有机质的分解 (Fog，1988；Waldrop et al.，2004a) 和氮素矿化 (Zhang et al.，2012)，从而增加投入溶解性碳、氮和阳离子浓度 (Mitchell and Smethurst，2008)。当溶解性的养分超过植物需求和土壤保持能力时，它们会淋溶到更深层的土壤或者流出生态系统 (Lohse and Matson，2005)。另外，施氮也会促进土壤硝化过程，增加硝态氮浓度，而硝态氮更容易从土壤中淋失，并且伴随着阳离子的淋溶以确保电荷平衡 (van Miegroet and Cole，1984；Berg et al.，1997)。

7.3.2　有机碳水平对土壤养分淋溶量的影响

　　有机碳是土壤质量的重要指标，与土壤物理结构和持水性密切相关，可以通过影响土壤水文特征和物理化学吸附特性等途径影响土壤养分淋溶。土壤有机碳水平显著影响了桉树人工林土壤养分淋溶量。方差分析表明，土壤有机碳水平对桉树人工林土壤 C、N、K、Ca 和阳离子的淋溶量影响显著，其中对 C、K 和阳离子淋溶量的影响在 *P*<0.01 水平上显著，对 N 和淋溶量在 *P*<0.001 水平上显著 (表 7-5)。

　　有机碳显著影响了桉树人工林生长季土壤 C 淋溶量。在 CK 和 LN 处理下，HSOC 样地土壤 C 淋溶量分别为 0.51 g·m^{-2} 和 0.54 g·m^{-2}，显著低于 LSOC 样地土壤 C 淋溶量 (0.65 g·m^{-2} 和 0.79 g·m^{-2})(*P*<0.05)；而在 MN 和 HN 处理下，HSOC 样地土壤 C 淋溶量分别为 1.06 g·m^{-2}

和 1.41 g·m^{-2}，显著高于 LSOC 样地土壤 C 淋溶量 (0.69 g·m^{-2} 和 0.88 g·m^{-2})($P<0.05$)。而综合所有处理，HSOC 样地土壤 C 淋溶量显著高于 LSOC 样地 (图 7-12)。

有机碳显著影响了桉树人工林生长季土壤 N 淋溶量。在 CK 处理下，HSOC 样地土壤 N 淋溶量为 0.15 g·m^{-2}，与 LSOC 样地土壤 N 淋溶量 (0.25 g·m^{-2}) 无显著差异；而在 LN、MN 和 HN 处理下，HSOC 样地土壤 N 淋溶量分别为 1.79 g·m^{-2}、4.17 g·m^{-2} 和 5.14 g·m^{-2}，显著高于 LSOC 样地土壤 N 淋溶量 (1.02 g·m^{-2}、2.22 g·m^{-2} 和 4.10 g·m^{-2})($P<0.05$)。综合所有处理，HSOC 样地土壤 N 淋溶量显著高于 HSOC 样地 (图 7-13)。

有机碳显著影响了桉树人工林生长季土壤 K 淋溶量。在 CK 和 LN 处理下，HSOC 样地土壤 K 淋溶量分别为 0.15 g·m^{-2} 和 0.19 g·m^{-2}，与 LSOC 样地土壤 K 淋溶量 (0.15 g·m^{-2} 和 0.22 g·m^{-2}) 无显著差异；而在 MN 和 HN 处理下，HSOC 样地土壤 K 淋溶量分别为 0.32 g·m^{-2} 和 0.31 g·m^{-2}，显著低于 LSOC 样地土壤 K 淋溶量 (0.56 g·m^{-2} 和 0.54 g·m^{-2})($P<0.05$)。综合所有处理，HSOC 样地土壤 K 淋溶量显著低于 LSOC 样地 (图 7-14)。

有机碳显著影响了桉树人工林生长季土壤 Ca 淋溶量。在 CK 和 MN 处理下，HSOC 样地土壤 Ca 淋溶量分别为 0.68 g·m^{-2} 和 1.46 g·m^{-2}，与 LSOC 样地土壤 Ca 淋溶量 (0.86 g·m^{-2} 和 1.71 g·m^{-2}) 无显著差异；而在 LN 和 HN 处理下，HSOC 样地土壤 Ca 淋溶量分别为 0.93 g·m^{-2} 和 1.17 g·m^{-2}，显著低于 LSOC 样地土壤 Ca 淋溶量 (1.36 g·m^{-2} 和 2.30 g·m^{-2})($P<0.05$)。综合所有处理，HSOC 样地土壤 Ca 淋溶量显著低于 LSOC 样地 (图 7-15)。

有机碳水平对桉树人工林生长季土壤 Na 和 Mg 淋溶量影响不显著 (图 7-16 和图 7-17)。

有机碳显著影响了桉树人工林生长季土壤阳离子淋溶量。在 CK 和 MN 处理下，HSOC 样地土壤阳离子淋溶量分别为 2.97 g·m^{-2} 和 5.02 g·m^{-2}，与 LSOC 样地土壤阳离子淋溶量 (2.58 g·m^{-2} 和 5.28 g·m^{-2}) 无显著差异；而在 LN 和 HN 处理下，HSOC 样地土壤阳离子淋溶量分别为 3.36 g·m^{-2} 和 5.46 g·m^{-2}，显著低于 LSOC 样地土壤阳离子淋溶量 (4.46 g·m^{-2} 和 7.92 g·m^{-2})($P<0.05$)。综合所有处理，HSOC 样地土壤阳离子淋溶量显著低于 LSOC 样地 (图 7-18)。

土壤养分淋溶在不同土壤有机碳桉树人工林表现不同。土壤 N、C 淋溶在高有机碳土壤样地显著高于低土壤有机碳样地。这可能是因为高土壤有机碳样地通常对应较高的土壤养分可利用性、微生物生物量和活性 (Hopmans et al., 2005；Chen et al., 2013)，而较高的微生物生物量和活性会促进有机质分解和氮素矿化，导致土壤 C、N 淋溶量较高。然而，土壤 K、Ca 和阳离子淋溶在低土壤有机碳样地显著高于高土壤有机碳样地。这可能是因为高有机碳土壤通常有较高的阳离子交换量 (Franzluebbers, 2012)，可以在土壤中保持更多的阳离子，减少阳离子淋失。

7.3.3 施氮对不同土壤有机碳水平桉树人工林土壤养分淋溶量影响的比较

为验证施氮和土壤有机碳水平之间是否存在交互作用，采用双因素方差分析对不同土壤有机碳水平桉树人工林样地不同施氮处理下生长季土壤养分淋溶量进行比较。结果表明，施氮和土壤有机碳水平对桉树人工林土壤 C、N、K、Ca、Na 和 Mg 淋溶量的影响存在显著交互作用 (表 7-5)，其中对 C、N 和 Ca 淋溶量影响的交互作用在 $P<0.001$ 水平显著，对 Mg 淋溶量影响的交互作用在 $P<0.01$ 水平显著，对 K 和 Na 淋溶量影响的交互作用在 $P<0.05$ 水

平显著。

　　施氮和土壤有机碳水平对桉树人工林土壤 C 淋溶量影响存在显著的交互作用（图 7-12）。在 LSOC 样地，仅 HN 处理下土壤 C 淋溶量显著高于 CK 处理（$P<0.05$），而在 HSOC 样地，MN 和 HN 处理下土壤 C 淋溶量均显著高于 CK 处理（$P<0.05$），表明在高土壤有机碳水平样地，土壤 C 淋溶对施氮的响应更敏感。在 CK 和 LN 处理下，HSOC 样地土壤 C 淋溶量显著低于 LSOC 样地（$P<0.05$），而在 MN 和 HN 处理下，HSOC 样地土壤 C 淋溶量显著高于 LSOC 样地（$P<0.05$），表明在较高施氮量时，高土壤有机碳水平样地土壤 C 淋溶更容易发生。

　　施氮和土壤有机碳水平对桉树人工林土壤 N 淋溶量影响存在显著交互作用（图 7-13）。虽然在 LSOC 样地和 HSOC 样地，土壤 N 淋溶量均随施氮量增加而显著增加（$P<0.05$）。然而，在 CK 处理下，HSOC 样地土壤 N 淋溶量与 LSOC 样地无显著差异（$P<0.05$），而在 LN、MN 和 HN 处理下，HSOC 样地土壤 N 淋溶量显著高于 LSOC 样地（$P<0.05$），表明在施氮时，高土壤有机碳水平样地土壤 N 淋溶更容易发生。

　　施氮和土壤有机碳水平对桉树人工林土壤 K 淋溶量影响存在显著的交互作用（图 7-14）。虽然在 LSOC 样地和 HSOC 样地，土壤 K 淋溶量均随施氮量增加而增加，且在 MN 和 HN 处理下土壤 K 淋溶量显著高于 CK 处理（$P<0.05$）。然而，在 CK 和 LN 处理下，HSOC 样地土壤 K 淋溶量与 LSOC 样地无显著差异，而在 MN 和 HN 处理下，HSOC 样地土壤 K 淋溶量显著低于 LSOC 样地（$P<0.05$），表明在较高施氮量时，高土壤有机碳水平样地土壤保持 K 的能力更强。

　　施氮和土壤有机碳水平对桉树人工林土壤 Ca 淋溶量影响存在显著的交互作用（图 7-15）。在 LSOC 样地，LN、MN 和 HN 处理下土壤 Ca 淋溶量均显著高于 CK 处理（$P<0.05$），而在 HSOC 样地，仅 MN 和 HN 处理下土壤 Ca 淋溶量显著高于 CK 处理（$P<0.05$），表明在高土壤有机碳水平样地，土壤 Ca 淋溶对施氮的响应更不敏感。在 CK 和 MN 处理下，HSOC 样地土壤 Ca 淋溶量与 LSOC 样地无显著差异，而在 LN 和 HN 处理下，HSOC 样地土壤 Ca 淋溶量显著低于 LSOC 样地（$P<0.05$），表明在较高施氮量时，高土壤有机碳水平样地土壤保持 Ca 的能力更强。

　　施氮和土壤有机碳水平对桉树人工林土壤 Na 淋溶量影响存在显著的交互作用（图 7-16）。在 LSOC 样地，LN 和 MN 处理下土壤 Na 淋溶量均显著高于 CK 处理（$P<0.05$），而在 HSOC 样地，各施氮处理下土壤 Na 淋溶量与 CK 处理无显著差异，表明在高土壤有机碳水平样地，土壤 Na 淋溶对施氮的响应更不敏感。在 CK 和 LN 处理下，HSOC 样地土壤 Na 淋溶量与 LSOC 样地无显著差异，在 MN 处理下，HSOC 样地土壤 Na 淋溶量显著低于 LSOC 样地（$P<0.05$），而在 HN 处理下，HSOC 样地土壤 Na 淋溶量显著高于 LSOC 样地（$P<0.05$），表明在高施氮量时，高土壤有机碳水平样地土壤保持 Na 的能力更强。

　　施氮和土壤有机碳水平对桉树人工林土壤 Mg 淋溶量影响存在显著的交互作用（图 7-17）。在 LSOC 样地，LN、MN 和 HN 处理下土壤 Mg 淋溶量均显著高于 CK 处理（$P<0.05$），而在 HSOC 样地，仅 MN 和 HN 处理下土壤 Mg 淋溶量显著高于 CK 处理（$P<0.05$），表明在高土壤有机碳水平样地，土壤 Mg 淋溶对施氮的响应更不敏感。在 CK 和 MN 处理下，HSOC 样地土壤 Mg 淋溶量与 LSOC 样地无显著差异，而在 LN 和 HN 处理下，HSOC 样地土壤 Mg 淋溶量显著低于 LSOC 样地（$P<0.05$），表明在较高施氮量时，高土壤有机碳水平样

地土壤保持 Mg 的能力更强。

　　施氮和土壤有机碳水平对桉树人工林土壤阳离子淋溶量影响存在显著交互作用（图 7-18）。在 LSOC 样地，LN、MN 和 HN 处理下土壤阳离子淋溶量均显著高于 CK 处理（$P<0.05$），而在 HSOC 样地，仅 MN 和 HN 处理下土壤阳离子淋溶量显著高于 CK 处理（$P<0.05$），表明在高土壤有机碳水平样地，土壤阳离子淋溶对施氮的响应更不敏感。在 CK 和 MN 处理下，HSOC 样地土壤阳离子淋溶量与 LSOC 样地无显著差异，而在 LN 和 HN 处理下，HSOC 样地土壤阳离子淋溶量显著低于 LSOC 样地（$P<0.05$），表明在较高施氮量时，高土壤有机碳水平样地土壤保持阳离子的能力更强。

　　施氮和土壤有机碳水平对土壤 C、N 淋溶的影响存在显著交互作用，土壤 C 和 N 淋溶对施氮的响应在高土壤有机碳桉树人工林样地更敏感。这与 Fang 等 (2009) 的研究结果一致。Fang 等 (2009) 研究认为，土壤氮素淋溶对施氮的响应在土壤有机碳较高的成熟森林要高于土壤有机碳较低的年轻森林。这可能是因为较高的土壤有机碳通常对应较高的底物可利用性、微生物生物量 (Hopmans et al.，2005；Chen et al.，2013)，这会促进施氮导致的土壤有机质分解和氮素矿化，提升土壤溶解性碳、氮浓度，增加土壤碳氮淋溶风险。

　　施氮和土壤有机碳水平对桉树人工林土壤阳离子淋溶的影响存在显著交互作用，土壤 K、Ca、Mg 和阳离子淋溶对施氮的响应在高有机碳土壤更敏感。这可能是因为不同有机碳土壤的阳离子交换量不同导致。通常而言土壤阳离子交换量与土壤有机碳含量呈正相关 (Franzluebbers，2012)。相比于低有机碳土壤，高有机碳土壤有较高的阳离子交换量，因此，可以保持更多的土壤阳离子，减少施氮引起的阳离子淋溶 (Lehmann et al.，2003)。

　　综上可知，施氮和土壤有机碳水平对土壤碳氮和阳离子淋溶量影响的交互作用，因此，在评估施氮引起的土壤养分淋溶时，有必要考虑土壤有机碳水平的影响。本节结果表明土壤有机碳可促进施氮引起的土壤碳氮淋溶量，而缓解施氮引起的土壤阳离子淋溶量。这表明根据土壤有机碳水平对桉树人工林进行施氮，将有助于减少施氮引起的养分淋溶。

7.3.4　土壤氮素与其他养分淋溶量的关系分析

　　通常而言，施氮会增加土壤氮素淋溶流失，而氮素的淋溶通常伴随着其他养分的流失。为研究氮素淋溶量与其他养分淋溶量之间的关系，对桉树人工林土壤氮素与其他养分淋溶量进行 Pearson 相关系数分析。

　　结果表明，桉树人工林土壤 C 淋溶量与 N 淋溶量显著正相关（$P<0.05$），相关系数为 0.86；土壤 Mg 淋溶量与 N 淋溶量显著正相关（$P<0.05$），相关系数为 0.82；土壤阳离子淋溶量与 N 淋溶量显著正相关（$P<0.05$），相关系数为 0.77（图 7-19）。另外，桉树人工林土壤 K 和 Ca 淋溶量也随土壤 N 淋溶量增加而增加，但相关关系不显著。

　　桉树人工林土壤 C 淋溶量和 N 淋溶量显著正相关，这可能是因为施氮不仅增加了土壤氮素可利用性和淋溶的风险，同时也促进了土壤有机碳的分解，增加了土壤可溶性碳淋溶。而桉树人工林土壤 N 淋溶量和阳离子淋溶量显著正相关，则可能是因为氮素大部分以硝态氮形态淋溶，为保持土壤电荷平衡，通常也伴随着阳离子的淋溶。

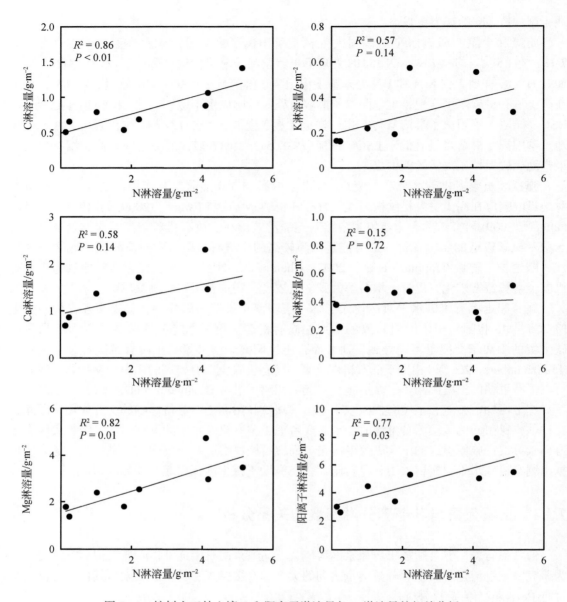

图 7-19　桉树人工林土壤 C 和阳离子淋溶量与 N 淋溶量的相关分析

7.4　样地水平土壤养分淋溶量的估算

关于桉树人工林土壤养分淋溶，7.3 节仅讨论了施肥点附近土壤养分淋溶量，并不能代表整个桉树人工林样地的土壤养分淋溶量。为估算样地水平桉树人工林土壤养分淋溶量，本节结合样地施氮区域 (4%) 和非施氮区域 (96%) 面积比例，将对照处理的土壤养分淋溶量等同非施氮区域的土壤养分淋溶量，对桉树人工林进行样地水平土壤养分淋溶量估算。

估算结果表明，在 2013 年 5 ~ 11 月，LSOC 样地水平土壤 C 淋溶量为 6.53 ~ 6.62 kg·hm²，高施氮处理 (HN) 仅比对照 (CK) 高 1%；土壤 N 淋溶量为 2.47~4.49 kg·hm⁻²，HN 处理比 CK 处理高 82%；土壤 K 淋溶量为 1.50 ~ 1.67 kg·hm⁻²，MN 处理比 CK 处理高 11%；土壤 Ca 淋溶量为 8.60 ~ 9.18 kg·hm⁻²，HN 处理比 CK 处理高 7%；土壤 Na 淋溶量为 2.20 ~ 2.31 kg·hm⁻²，LN 处理比 CK 处理高 5%；土壤 Mg 淋溶量为 13.50 ~ 14.86 kg·hm⁻²，HN 处理比 CK 处理高 10%(表 7-6)。

表 7-6　桉树人工林生长季样地水平的土壤养分淋溶量估算　　　（单位：kg·hm⁻²）

样地	项目	N	C	K	Ca	Na	Mg
LSOC	CK	2.47 ± 0.03	6.53 ± 0.03	1.50 ± 0.12	8.60 ± 0.31	2.20 ± 0.26	13.50 ± 0.64
	LN	2.78 ± 0.10	6.59 ± 0.04	1.53 ± 0.12	8.80 ± 0.34	2.31 ± 0.27	13.92 ± 0.66
	MN	3.26 ± 0.07	6.55 ± 0.05	1.67 ± 0.14	8.94 ± 0.32	2.30 ± 0.29	13.97 ± 0.65
	HN	4.49 ± 0.24	6.62 ± 0.06	1.66 ± 0.14	9.18 ± 0.34	2.24 ± 0.29	14.86 ± 0.74
HSOC	CK	1.47 ± 0.35	5.07 ± 0.64	1.53 ± 0.09	6.80 ± 0.76	3.77 ± 0.32	17.63 ± 1.80
	LN	2.13 ± 0.38	5.08 ± 0.63	1.55 ± 0.10	6.90 ± 0.74	3.80 ± 0.33	17.64 ± 1.77
	MN	3.08 ± 0.40	5.29 ± 0.64	1.60 ± 0.10	7.11 ± 0.77	3.73 ± 0.32	18.11 ± 1.82
	HN	3.47 ± 0.37	5.43 ± 0.64	1.60 ± 0.10	7.00 ± 0.76	3.82 ± 0.31	18.32 ± 1.82

而在 HSOC 样地，桉树人工林样地水平土壤 C 淋溶量为 5.07 ~ 5.43 kg·hm⁻²，HN 处理比 CK 处理高 7%；土壤 N 淋溶量为 1.47 ~ 3.47 kg·hm⁻²，HN 处理比 CK 处理高 1.36 倍；土壤 K 淋溶量为 1.53 ~ 1.60 kg·hm⁻²，HN 处理比 CK 处理高 5%；土壤 Ca 淋溶量为 6.80 ~ 7.11 kg·hm⁻²，MN 处理比 CK 处理高 5%；土壤 Na 淋溶量为 3.77 ~ 3.82 kg·hm⁻²，HN 处理比 CK 处理高 1%；土壤 Mg 淋溶量为 17.63 ~ 18.32 kg·hm⁻²，HN 处理比 CK 处理高 4%(表 7-6)。

第8章 | 结论与建议

本书以我国广西壮族自治区和海南省的典型桉树人工林为对象，研究了天然次生林转化为桉树人工林和桉树连栽对林地植物多样性、土壤养分和微生物群落结构与功能的影响，以及施氮量对不同土壤有机碳水平桉树人工林土壤微生物群落结构与功能、温室气体排放和养分淋溶的影响，主要结论和建议如下。

8.1 主要结论

8.1.1 桉树造林和连栽对植物多样性和土壤性质的影响

桉树人工林取代天然次生林显著降低了植物物种多样性和土壤肥力。与天然次生林相比，桉树人工林乔木、灌木的丰富度和覆盖度显著降低；土壤含水量、土壤有机碳和总氮显著降低。随着桉树连栽代次增加，桉树人工林草本植物物种丰富度下降，但土壤有机碳和总氮均呈增加趋势。

8.1.2 桉树造林和连栽对土壤微生物群落结构和功能的影响

桉树人工林取代天然次生林导致土壤微生物群落生理胁迫增强和功能下降。与天然次生林相比，桉树人工林土壤微生物生物量(生物量碳、生物量氮和磷脂脂肪酸丰度)显著降低，土壤微生物饱和直链脂肪酸/单不饱和脂肪酸、革兰氏阳性菌/革兰氏阴性菌、异构/反异构支链磷脂脂肪酸及 cy19：0/18：1ω7c 的比值显著提高，土壤微生物群落功能基因丰度显著降低，土壤微生物群落碳代谢功能及蛋白酶、脲酶、酸性磷酸酶、酚氧化酶和过氧化物酶活性显著降低。

土壤微生物群落结构和功能对桉树连栽的响应特征因土壤肥力的不同而不同。桉树连栽过程中，土壤肥力较高的区域更有利于土壤微生物群落结构改善和功能恢复。

1) 在土壤肥力较高的广西样地，土壤微生物群落生理胁迫随桉树连栽代次增加而降低，土壤微生物生物量、功能基因丰富度和丰度、碳代谢活性及酚氧化酶、过氧化物酶、酸性磷酸酶的活性均随桉树连栽代次增加而逐渐增加。

2) 在土壤肥力较低的海南样地，土壤微生物群落功能基因丰富度和丰度及蛋白酶、脲酶、酸性磷酸酶的活性也随桉树连栽代次增加而逐渐增加，但土壤微生物群落生理胁迫随桉树连栽代次增加而增加，碳代谢功能及酚氧化酶、过氧化物酶活性均随桉树连栽代次增加而降低。

桉树人工林取代天然次生林导致土壤微生物群落结构变化和功能退化的主要环境因素是植物物种丰富度和覆盖度、凋落物碳源供给能力及土壤资源（碳、氮和水分）可获得性的降低。

8.1.3 桉树人工林施氮对土壤微生物群落结构和功能的影响

施氮显著影响了土壤微生物群落结构和功能。施氮显著降低土壤微生物群落磷脂脂肪酸总量，以及细菌、真菌、放线菌磷脂脂肪酸量和真菌/细菌比值；施氮促进土壤纤维素酶、酚氧化酶活性。随着施氮水平的升高，土壤微生物群落碳代谢强度和碳源代谢丰富度均呈现显著的先增后降的变化规律。

不同土壤有机碳水平下，桉树人工林土壤微生物群落结构及功能差异显著，与低有机碳水平土壤样地相比，高土壤有机碳样地中土壤微生物磷脂脂肪酸含量及土壤微生物群落碳代谢强度、碳源代谢丰富度与土壤酶活性较高。

施氮和土壤有机碳水平对土壤微生物群落结构和功能的影响存在显著的交互作用，与高有机碳水平土壤样地相比，低有机碳水平土壤样地土壤微生物群落结构和功能对施氮强度更敏感，细菌、真菌磷脂脂肪酸含量在相对较低的施氮强度下显著降低，土壤酚氧化酶、土壤可溶性有机碳含量则在相对较低的施氮强度下显著增加；但低有机碳水平土壤样地中纤维素酶、葡糖苷酶活性及土壤微生物碳代谢功能对施氮的响应不显著。表明土壤微生物群落结构、功能特征与土壤氮素水平、有机碳水平密切相关。

区分不同处理的土壤微生物磷脂脂肪酸，包括真菌特征脂肪酸（16：1ω5c、18：1ω9c、18：2ω9c）、细菌特征脂肪酸（16：1ω7c、i17：0）和放线菌特征脂肪酸（10Me18：0）。施氮主要影响的代谢碳源主要是碳水化合物类、氨基酸类和羧酸类等碳源，土壤微生物生物量是影响土壤微生物碳代谢强度和碳源代谢丰富度的重要因素。

8.1.4 桉树人工林施氮对土壤温室气体通量的影响

广西桉树人工林不同施氮处理下土壤 CO_2、CH_4 和 N_2O 年均通量分别为 153 ~ 266 mg·m^{-2}·h^{-1}、–55 ~ –40 μg·m^{-2}·h^{-1} 和 11 ~ 95 μg·m^{-2}·h^{-1}。其中 CO_2 和 N_2O 排放表现出明显的季节变化，在生长季（4 ~ 10月）较高，非生长季（11月~次年3月）较低，土壤温度和水分是造成土壤 CO_2 和 N_2O 排放季节变化的主要驱动因子。

施氮显著增加了桉树人工林土壤 CO_2 和 N_2O 排放，抑制了 CH_4 吸收。土壤 CO_2 年均排放通量表现出随施氮量增加而增加的趋势，在 HN 处理下显著高于 CK 处理（$P<0.05$）；CH_4 年均吸收通量表现出随施氮量增加而降低的趋势，在 MN 和 HN 处理下显著低于 CK 处理（$P<0.05$）；N_2O 年均排放通量随施氮量增加而增加，且各处理间差异显著（$P<0.05$）。

施氮和土壤有机碳水平对桉树人工林土壤 CO_2 和 N_2O 排放的影响存在显著的交互作用。高土壤有机碳水平桉树人工林 CO_2 排放对施氮的响应更敏感。在 LSOC 样地，仅 HN 处理下土壤 CO_2 年均排放通量显著高于 CK 处理，而在 HSOC 样地，LN 和 HN 处理下土壤 CO_2

年均排放通量显著高于 CK 处理（$P<0.05$）。在高施氮量处理下，较高的土壤有机碳水平会促进土壤 N_2O 排放。在 CK 和 LN 处理下，LSOC 和 HSOC 样地的土壤 N_2O 年均排放通量无显著差异，而在 HN 处理下，HSOC 样地的土壤 N_2O 年均排放通量显著高于 LSOC 样地。

8.1.5　桉树人工林施氮对土壤养分淋溶的影响

桉树人工林土壤养分淋溶严重。广西桉树人工林生长季（2013 年 4 ~ 11 月）土壤碳（C）、氮（N）、钾（K）、钙（Ca）、钠（Na）和镁（Mg）淋溶量分别为 0.51 ~ 1.41 g·m^{-2}、0.15 ~ 5.14 g·m^{-2}、0.15 ~ 0.56 g·m^{-2}、0.68 ~ 2.30 g·m^{-2}、0.22 ~ 0.51 g·m^{-2} 和 1.35 ~ 4.75 g·m^{-2}。

施氮显著增加了桉树人工林土壤养分淋溶。土壤 N 淋溶量随施氮量增加而增加，且各处理间差异显著；土壤 C、K、Ca 和 Mg 淋溶量表现出随施氮量增加而增加的趋势，在 MN 和 HN 处理下显著高于 CK 处理；土壤 Na 淋溶量在 LN 处理下显著高于 CK 处理。

不同土壤有机碳桉树人工林土壤养分淋溶对施氮的响应存在差异。土壤 C 淋溶量和 N 淋溶量均随施氮量增加而增加，在 HSOC 样地的增加幅度高于 LSOC 样地，表明高土壤有机碳水平样地的土壤 C 和 N 淋溶对施氮的响应更敏感。土壤 K、Ca 和 Mg 淋溶量表现出随施氮量增加而增加或先增加后趋于平缓的趋势，但在 LSOC 样地的增加幅度高于 HSOC 样地，表明低土壤有机碳水平样地的土壤 K、Ca、Mg 淋溶对施氮的响应更敏感。

8.2　桉树人工林管理建议

桉树人工林是一个复杂且开放的生态系统，要实现其可持续发展，必须利用系统生态学的方法，综合考虑桉树人工林的结构（分布格局、冠层结构等）、过程（物质循环、能量流动等）和功能（木材生产、固碳释氧、水土保持等），同时结合社会科学的手段（经济学、社会学、法学等），全面且系统地对桉树人工林进行科学管理。现仅结合本书结果，对桉树人工林的管理提出以下主要建议。

选择合适的种植密度，减少土壤和林下植被干扰。外来种桉树人工林取代天然次生林显著改变了森林植被构成（物种组成和林下层植被的多样性和盖度）和土壤资源的可利用性（土壤水分含量及碳、氮资源的可利用性），从而显著改变了土壤微生物群落磷脂脂肪酸的结构和功能基因的组成，降低了土壤碳代谢功能和土壤酶活性。桉树人工林土壤微生物群落较低的碳代谢功能与桉树较高的养分需求及桉树造林和生长过程中的人工林管理措施有关。桉树人工林的人为抚育和高强度的林业作业常常达不到预期效果，因为不仅会导致林下层植被的破坏，同时也减少了土壤养分的累积。桉树人工林的可持续发展需要在经济利益和生态效益之间进行权衡。桉树人工林的管理上，采用恰当的管理措施，如选择合理的种植密度、保留凋落物、在木材收获和造林过程中减少对土壤和林下层植被的干扰将有利于土壤资源可利用性的增加，从而优化土壤微生物群落的结构和功能。

避免选择土壤肥力较低的区域种植桉树。土壤微生物群落的结构和功能，在不同研究区域对桉树多代短期连栽的响应表现不一样，土壤微生物群落不同方面的特征指标对桉树多代短期连栽的响应也不一致。在土壤肥力较高的区域，随着桉树连栽代次增加土壤微生物群落功能退化现象逐渐改善，但在土壤肥力较低的区域，土壤微生物群落受胁迫继续增强，仅部分功能恢复。全面评估土地利用变化和人工林管理的长期影响是十分重要的，并且在评估这种长期影响时，不能只从某一方面着手，而要多方面考虑土地利用变化和人工林管理对土壤微生物群落结构和功能的长期影响。从长远来看，保护林下植物和减少对土壤的扰动有助于改善人工林连栽对土壤微生物群落的负面影响。

参考土壤有机碳水平确定桉树人工林施氮水平。施氮显著影响土壤微生物群落结构和功能，施氮显著降低土壤微生物群落磷脂脂肪酸总量及细菌、真菌、放线菌磷脂脂肪酸量和真菌/细菌比值，显著地促进了土壤纤维素酶、酚氧化酶活性。随着施氮水平的升高，土壤微生物群落碳源代谢强度和丰富度均呈现先增加后降低的变化趋势。另外，施氮对土壤微生物群落结构和功能的影响在不同土壤有机碳水平桉树人工林中的表现并不一致，低土壤有机碳水平桉树人工林样地的土壤微生物群落结构和功能对施氮的响应更敏感（在相对较低的施氮强度下，土壤细菌、真菌显著降低，土壤酚氧化酶、可溶性有机碳显著增加）。可见，桉树人工林土壤有机碳水平显著影响施氮对土壤微生物群落的效应，因此，在探讨人工林土壤微生物群落对施氮的响应时，除了考虑施氮的水平以外，土壤有机碳水平也不容忽视。

通过合理施氮减少土壤温室气体排放。施氮显著影响桉树人工林土壤温室气体排放通量，而且不同土壤有机碳桉树人工林温室气体排放对施氮的响应存在差异。施氮显著增加了桉树人工林土壤 CO_2 和 N_2O 排放，抑制了土壤 CH_4 吸收，总体上增加了土壤温室气体的排放通量，因此，应适当控制氮肥的施用。但考虑到施氮是维持桉树人工林生产力的必要措施，建议在以后的桉树人工林氮肥管理中，综合考虑其经济效益（木材产量）和环境效应（温室气体），合理调控施氮量。另外，不同土壤有机碳桉树人工林温室气体排放对施氮的响应不同，在高土壤有机碳水平桉树人工林，施氮对土壤 CO_2 和 N_2O 排放的促进作用较强，而在低土壤有机碳水平桉树人工林，施氮对土壤 CO_2 和 N_2O 排放的促进作用较弱，表明桉树人工林土壤温室气体对施氮的响应受土壤有机碳水平影响。因此，在桉树人工林施氮时，也要考虑土壤有机碳水平，结合土壤有机碳水平合理施用氮肥，以达到减少温室气体排放的目的。

通过合理施氮减少土壤养分淋溶。施氮显著增加了土壤碳、氮、钾、钙、镁等元素淋溶，且不同土壤有机碳水平桉树人工林元素淋溶对施氮的响应存在差异。高土壤有机碳水平桉树人工林土壤碳和氮淋溶对施氮的响应更敏感，而低土壤有机碳水平桉树人工林土壤阳离子淋溶对施氮的响应更敏感。可见，较高的土壤有机碳有助于增加土壤对阳离子的保持，减少施氮引起的阳离子流失，但同时增加了施氮引起的碳氮流失的风险。因此，在桉树人工林施氮管理中，应合理调控施氮量，以减少土壤养分淋溶损失；同时，也要根据土壤有机碳水平，权衡施氮造成的碳氮和阳离子流失量，以实现桉树人工林的元素平衡。

综上所述，选择合理的种植密度、减少土壤和林下植被干扰、依据土壤有机碳水平确定合理的施氮水平等措施，有助于调控土壤生态过程，减少养分流失，维持土壤肥力，促进桉树人工林的可持续经营。

参 考 文 献

鲍士旦.2000.土壤农化分析.北京:中国农业出版社.

荼正早,黎仕聪.1999.海南岛桉林土壤肥力的研究.热带作物学报,20(2): 37-43.

陈少雄.2009.桉树人工林土壤养分现状与施肥研究.桉树科技,26(1): 52-63.

邓荫伟,李凤,韦杰,等.2010.桂林市桉树、马尾松、杉木林下植被与土壤因子调查.广西林业科学,39(3): 140-143.

方华,莫江明.2006.氮沉降对森林凋落物分解的影响.生态学报,26(9): 3127-3136.

冯健.2005.巨桉人工林地土壤微生物多样性研究.四川农业大学博士学位论文.

邓小文,韩士杰.2007.氮沉降对森林生态系统土壤碳库的影响.生态学杂志,26(10): 1622-1627.

郝建,陈厚荣,王凌晖,等.2011.尾巨桉纯林土壤浸提液对4种作物的生理影响.浙江农林大学学报,28(5): 823-828.

胡凯,王微.2015.不同种植年限桉树人工林根际土壤微生物的活性.贵州农业科学,43(12): 105-109.

胡亚林,汪思龙,黄宇,等.2005.凋落物化学组成对土壤微生物学性状及土壤酶活性的影响.生态学报,25(10): 2662-2668.

华元刚,荼正早,林钊沐,等.2005.海南岛桉树人工林营养与施肥.热带林业,33(1): 35-38.

黄雪蔓,刘世荣,尤业明.2014.固氮树种对第二代桉树人工林土壤微生物生物量和结构的影响.林业科学研究,27(5): 612-620.

黄勇,陈忱,刘立武,等.2010.海南浆纸林林下植物物种多样性研究.安徽农业科学,38(21): 11555-11557.

李海防,夏汉平,熊燕梅,等.2007.土壤温室气体产生与排放影响因素研究进展.生态环境,16(6): 1781-1788.

李宁云,田昆,陆梅,等.2006.澜沧江上游典型退化山地土壤酶活性研究.西南林学院学报,26(2): 29-32.

李睿达,张凯,苏丹,等.2014.施氮强度对不同土壤有机碳水平桉树林温室气体通量的影响.环境科学,35(10): 3903-3910.

李秀英,赵秉强,李絮花,等.2005.不同施肥制度对土壤微生物的影响及其与土壤肥力的关系.中国农业科学,38(8): 1591-1599.

梁宏温,温远光,吴国喜,等.2008.连栽对尾巨桉短轮伐期人工林生长量和生产力动态的影响.福建林业科技,35(3): 14-18.

廖观荣,林书蓉,李淑仪,等.2002.雷州半岛桉树人工林地力退化的现状和特征.土壤与环境,11(1): 25-28.

廖观荣,李淑仪,蓝佩玲,等.2003.桉树人工林生态系统养分循环与平衡研究 I.桉树人工林生态系统的养分贮存.生态环境,12(2): 150-154.

刘恩科,赵秉强,李秀英,等.2008.长期施肥对土壤微生物量及土壤酶活性的影响.植物生态学报,32(1): 176-182.

刘平,秦晶,刘建昌,等.2011.桉树人工林物种多样性变化特征.生态学报,31(8): 2227-2235.

刘月廉,吕庆芳,潘颂民,等.2006.桉树林分枯落物分解微生物的种类和数量.南京林业大学学报(自然科学版),30(1): 75-78.

罗云建,张小全.2006.多代连栽人工林碳贮量的变化.林业科学研究,19(6): 791-798.

马强,宇万太,周桦,等.2010.追施氮肥对桉树各器官养分浓度及贮量的影响.应用生态学报,21(8): 1933-1939.

马晓雪，龚伟，胡庭兴，等．2010.天然林及坡耕地转变为巨桉林后土壤养分含量变化.四川农业大学学报，
　　28(1): 56-60.

明安刚，温远光，朱宏光，等．2009.连栽对桉树人工林土壤养分含量的影响.广西林业科学，38(1): 26-30.

齐玉春，罗辑．2002.贡嘎山山地暗针叶林带森林土壤温室气体 N_2O 和 CH_4 排放研究.中国科学，32(11):
　　934-941.

祁述雄．2002.中国桉树.北京：中国林业出版社．

丘娴，余世孝，方碧真，等．2007.尾叶桉对四种豆科植物的化感作用.中山大学学报（自然科学版），46(3):
　　88-92.

苏丹，张凯，陈法霖，等．2014.施氮对不同有机碳水平桉树林土壤微生物群落结构和功能的影响.生态环境
　　学报，23(3): 423-429.

孙波，施建平，杨林章．2007.陆地生态系统土壤观测规范.北京：中国环境科学出版社．

谭宏伟，杨尚东，吴俊，等．2014.红壤区桉树人工林与不同林分土壤微生物活性及细菌多样性的比较.土壤
　　学报，51(3): 575-584.

万雪琴，张帆，王长亮，等．2012.Cd、Cu、Pb 处理下增施氮对巨桉生长和光合特性的影响.核农学报，
　　26(7): 1087-1093.

王冠玉，黄宝灵，唐天，等．2010.灰木莲等 5 种林地春季土壤微生物数量和土壤酶活性的分析.安徽农业科
　　学，38(28): 15696-15698.

王正荣．2011.浅谈桉树速生丰产的栽培管理技术.中国科技纵横，（18）: 343-344.

温远光，刘世荣，陈放．2005.连栽对桉树人工林下物种多样性的影响.应用生态学报，16(9): 1667-1671.

温远光．2008.桉树生态、社会问题与科学发展.北京：中国林业出版社．

吴金水．2006.土壤微生物生物量测定方法及其应用.北京：气象出版社．

项东云．2000.华南地区桉树人工林生态问题的评价.广西林业科学，29(2): 57-64.

谢龙莲，王真辉，刘小香，等．2007.刚果 12 号桉人工林下土壤微生物与土壤养分研究初报.热带农业科学，
　　27(4): 50-53.

薛立，邝立刚，陈红跃，等．2003.不同林分土壤养分、微生物与酶活性的研究.土壤学报，40(2): 280-285.

杨鲁．2008.采伐干扰对巨桉人工林土壤微生物、土壤酶活性与土壤养分的影响.四川农业大学硕士学位论
　　文．

杨尚东，吴俊，谭宏伟，等．2013.红壤区桉树人工林炼山后土壤肥力变化及其生态评价.生态学报，33(24):
　　7788-7798.

杨远彪，吕成群，黄宝灵，等．2008.连栽桉树人工林土壤微生物和酶活性的分析.东北林业大学学报，
　　36(12): 10-12.

杨再鸿，余雪标，杨小波，等．2007.海南岛桉树林林下植物多样性与环境因子相关性初探.热带农业科学，
　　27(4): 54-57.

叶绍明，温远光，杨梅，等．2010.连栽桉树人工林植物多样性与土壤理化性质的关联分析.水土保持学报，
　　24(4): 246-256.

于福科，黄新会，王克勤，等．2009.桉树人工林生态退化与恢复研究进展.中国生态农业学报，17(2): 393-
　　398.

余雪标．2000.桉树人工林长期生产力管理研究.北京：中国林业出版社．

余雪标，徐大平，龙腾，等．1999.连栽桉树人工林生物量及生产力结构的研究.华南热带农业大学学报，
　　5(2): 10-17.

张丹桔．2010.一个年龄序列巨桉人工林地上/地下生物多样性.四川农业大学博士学位论文．

张凯，郑华，陈法霖，等．2015a.桉树取代马尾松对土壤养分和酶活性的影响.土壤学报，52(3): 646-653.

张凯，郑华，欧阳志云，等．2015b.施氮对桉树人工林土壤温室气体排放通量的影响.生态学杂志，34(7):
　　1779-1784.

钟宇，张健，刘泉波，等．2010.巨桉人工林草本层主要种群的生态位分析.草业学报，19(4): 16-21.

朱宏光，温远光，梁宏温，等．2009.广西桉树林取代马尾松林对植物多样性的影响.北京林业大学学报，

31(6): 149-153.

朱宇林, 温远光, 谭萍, 等. 2005. 尾巨桉速生林连栽生长特性的研究. 林业科技, 30(5): 11-14.

邹碧, 王刚, 杨富权, 等. 2010. 华南热带区不同恢复阶段人工林土壤持水能力研究. 热带亚热带植物学报, 18(4): 343-349.

Abdalla M, Jones M, Ambus P, et al. 2010. Emissions of nitrous oxide from Irish arable soils: effects of tillage and reduced N input. Nutrient Cycling in Agroecosystems, 86 (1): 53-65.

Aber J D, Nadelhoffer K J, Steudler P, et al. 1989. Nitrogen saturation in northern forest ecosystems. Bio Science, 39(6): 378-286.

Adamsen A, King G. 1993. Methane consumption in temperate and subarctic forest soils: rates, vertical zonation, and responses to water and nitrogen. Applied &Environmental Microbiology, 59 (2): 485-490.

Allen A S, Schlesinger W H. 2004. Nutrient limitations to soil microbial biomass and activity in loblolly pine forests. Soil Biology & Biochemistry, 36(4): 581-589.

Andersson M, Michelsen A, Jensen M, et al. 2004. Tropical savannah woodland: effects of experimental fire on soil microorganisms and soil emissions of carbon dioxide. Soil Biology & Biochemistry, 36(5): 849-858.

Aronson E, Helliker B. 2010. Methane flux in non-wetland soils in response to nitrogen addition: a meta-analysis. Ecology, 91 (11): 3242-3251.

Ashagrie Y, Zech W, Guggenberger G. 2005. Transformation of a *Podocarpus falcatus* dominated natural forest into a monoculture *Eucalyptus globulus* plantation at Munesa, Ethiopia: soil organic C, N and S dynamics in primary particle and aggregate-size fractions. Agriculture Ecosystems & Environment, 106 (1): 89-98.

Bashkin M A, Binkley D. 1998. Changes in soil carbon following afforestation in Hawaii. Ecology, 79 (3): 828-833.

Basiliko N, Khan A, Prescott C E, et al. 2009. Soil greenhouse gas and nutrient dynamics in fertilized western Canadian plantation forests. Canadian Journal of Forest Research, 39 (6): 1220-1235.

Batish D R, Singh H P, Setia N, et al. 2006. Chemical composition and phytotoxicity of volatile essential oil from intact and fallen leaves of *Eucalyptus citriodora*. Zeitschrift fur Naturforschung C Journal of Biosciences, 61 (7-8): 465-471.

Beauchamp E, Trevors J, Paul J. 1989. Carbon Sources for Bacterial Denitrification. Advances in Soil Science. 10. New York: Springer.

Behera N, Sahani U. 2003. Soil microbial biomass and activity in response to *Eucalyptus* plantation and natural regeneration on tropical soil. Forest Ecology & Management, 174 (1-3): 1-11.

Bennett B M. 2010. The El Dorado of Forestry: The Eucalyptus in India, South Africa, and Thailand, 1850-2000. International Review of Social History, 55: 27-50.

Berg M, Verhoef H A, Bolger T, et al. 1997. Effects of air pollutant-temperature interactions on mineral-N dynamics and cation leaching in reciplicate forest soil transplantation experiments. Biogeochemistry, 39 (3): 295-326.

Bernhard-Reversat F. 2001. Effect of exotic tree plantations on plant diversity and biological soil fertility in the Congo savanna: with special reference to eucalypts. Center for International Forestry Research, Bogor, Indonesia.

Berthrong S T, Schadt C W, Pineiro G, et al. 2009. Afforestation alters the composition of functional genes in soil and biogeochemical processes in south American grasslands. Applied & Environmental Microbiology, 75 (19): 6240-6248.

Binkley D, Resh S C. 1999. Rapid changes in soils following *Eucalyptus* afforestation in Hawaii. Soil Science Society of America Journal, 63 (1): 222-225.

Binkley D, Ryan M G. 1998. Net primary production and nutrient cycling in replicated stands of *Eucalyptus saligna* and *Albizia facaltaria*. Forest Ecology &Management, 112, 79-85.

Bossio D A, Scow K M. 1998. Impacts of carbon and flooding on soil microbial communities: Phospholipid fatty acid profiles and substrate utilization patterns. Microbial Ecology, 35(3): 265-278.

Bottomley P. 1994. Methods of soil analysis, part 2. Microbiological and biochemical properties. Madison: Soil Science Society of America.

Bradford M, Ineson P, Wookey P, et al. 2001. The effects of acid nitrogen and acid sulphur deposition on CH_4 oxidation in a forest soil: a laboratory study. Soil Biology & Biochemistry, 33 (12): 1695-1702.

Bragazza L, Freeman C, Jones T, et al. 2006. Atmospheric nitrogen deposition promotes carbon loss from peat bogs. Proceedings of the National Academy of Sciences, 103(51): 19386-19389.

Burger M, Jackson L E. 2003. Microbial immobilization of ammonium and nitrate in relation to ammonification and nitrification rates in organic and conventional cropping systems. Soil Biology & Biochemistry, 35(1): 29-36.

Burton J, Chen C R, Xu Z H, et al. 2010. Soil microbial biomass, activity and community composition in adjacent native and plantation forests of subtropical Australia. Journal of Soils & Sediments, 10(7): 1267-1277.

Buyer J S, Teasdale J R, Roberts D P, et al. 2010. Factors affecting soil microbial community structure in tomato cropping systems. Soil Biology & Biochemistry, 42 (5): 831-841.

Campbell C D, Grayston S J, Hirst D J. 1997. Use of rhizosphere carbon sources in sole carbon source tests to discriminate soil microbial communities. Journal of Microbiological Methods, 30(1): 33-41.

Chapin F S III, Matson P A, Mooney H. 2002. Principles of Terrestrial Ecosystem Ecology. New York: Springer.

Chauvat M, Zaitsev A S, Wolters V. 2003. Successional changes of Collembola and soil microbiota during forest rotation. Oecologia, 137(2): 269-276.

Chen C R, Xu Z H, Mathers N J. 2004. Soil carbon pools in adjacent natural and plantation forests of subtropical Australia. Soil Science society of America Journal, 68(1): 282-291.

Chen F, Zheng H, Zhang K, et al. 2013a. Changes in soil microbial community structure and metabolic activity following conversion from native *Pinus massoniana* plantations to exotic *Eucalyptus* plantations. Forest Ecology & Management, 291: 65-72.

Chen F, Zheng H, Zhang K et al. 2013b. Soil microbial community structure and function responses to successive planting of *Eucalyptus*. Journal of Environmental Sciences, 25(10): 2102 -2111.

Chen F, Zheng H, Zhang K et al. 2013c. Non-linear impacts of *Eucalyptus* plantation stand age on soil microbial metabolic diversity. Journal of Soils and Sediments, 13: 887 -894.

Chen Z, Wang X K, Yao F F, et al. 2010. Elevated ozone changed soil microbial community in a rice paddy. Soil Science society of America Journal, 74(3): 829-837.

Cleveland C C, Townsend A R. 2006. Nutrient additions to a tropical rain forest drive substantial soil carbon dioxide losses to the atmosphere. Proceedings of the National Academy of Sciences of the United States of America, 103 (27): 10316-10321.

Compton J E, Watrud L S, Porteous L A, et al. 2004. Response of soil microbial biomass and community composition to chronic nitrogen additions at Harvard forest. Forest Ecology &Management, 196(1): 143-158.

Connell J H. 1978. Diversity in tropical rain forests and coral reefs. Science, 199 (4335): 1302-1312.

Cusack D F, Silver W L, Torn MS, et al. 2011. Changes in microbial community characteristics and soil organic matter with nitrogen additions in two tropical forests. Ecology, 92(3): 621-632.

de Marco A, Gentile A E, Arena C, et al. 2005. Organic matter, nutrient content and biological activity in burned and unburned soils of a Mediterranean maquis area of southern Italy. International Journal of Wildland Fire, 14 (4): 365-377.

de Forest J L, Zak D R, Pregitzer K S, et al. 2004. Atmospheric nitrate deposition and the microbial degradation of cellobiose and vanillin in a northern hardwood forest. Soil Biology & Biochemistry, 36(6): 965-971.

Dooley S R, Treseder K K. 2012. The effect of fire on microbial biomass: a meta-analysis of field studies. Biogeochemistry, 109(1-3): 49-61.

Ehrenfeld J G. 2003. Effects of exotic plant invasions on soil nutrient cycling processes. Ecosystems, 6(6): 503-523.

Fang Y, Gundersen P, Mo J, et al. 2009. Nitrogen leaching in response to increased nitrogen inputs in subtropical monsoon forests in southern China. Forest Ecology & Management, 257 (1): 332-342.

Fierer N, Jackson R B. 2006. The diversity and biogeography of soil bacterial communities. Proceedings of the National Academy of Sciences of the United States of America, 103(3): 626-631.

Fierer N, Schimel J P, Holden P A. 2003. Variations in microbial community composition through two soil depth profiles. Soil Biology & Biochemistry, 35(1): 167-176.

Fisher R F, Binkley D. 2000. Ecology and Management of Forest Soils. 3ed. New York: John Wiley & Sons Inc.

Florentine S K, Fox J E D. 2003. Allelopathic effects of *Eucalyptus victrix* L. on *Eucalyptus* species and grasses. Allelopathy Journal, 11(1): 77-83.

Fog K. 1988. The effect of added nitrogen on the rate of decomposition of organic matter. Biological Reviews, 63 (3): 433-462.

Fontaine S, Mariotti A, Abbadie L. 2003. The priming effect of organic matter: a question of microbial competition? Soil Biology & Biochemistry, 35(6): 837-843.

Fox T R. 2000. Sustained productivity in intensively managed forest plantations. Forest Ecology & Management, 138(1-3): 187-202.

Franzluebbers A J. 2012. Soil organic carbon dynamics under conservation agricultural systems. Agrociencia, 16 (3): 162-174.

Freeman C, Ostle N, Kang H. 2001. An enzymic 'latch' on a global carbon store. Nature, 409(6817): 149.

Frey S D, Knorr M, Parrent J L, et al. 2004. Chronic nitrogen enrichment affects the structure and function of the soil microbial community in temperate hardwood and pine forests. Forest Ecology & Management, 196(1): 159-171.

Frostegård Å, Bååth E. 1996. The use of phospholipid fatty acid analysis to estimate bacterial and fungal biomass in soil. Biology & Fertility of Soils, 22 (1-2): 59-65.

Garcia-Pausas J, Paterson E. 2011. Microbial community abundance and structure are determinants of soil organic matter mineralisation in the presence of labile carbon. Soil Biology & Biochemistry, 43(8): 1705-1713.

Garland J L, Mills A L. 1991. Classification and characterization of heterotrophic microbial communities on the basis of patterns of community-level sole-carbon-source utilization. Applied & Environmental Microbiology, 57 (8): 2351-2359.

Gulledge J, Hrywna Y, Cavanaugh C, et al. 2004. Effects of long-term nitrogen fertilization on the uptake kinetics of atmospheric methane in temperate forest soils. FEMS Microbiology Ecology, 49 (3): 389-400.

Haack S K, Garchow H, Klug M J, et al. 1995. Analysis of factors affecting the accuracy, reproducibility, and interpretation of microbial community carbon source utilization patterns. Applied & Environmental Microbiology, 61(4): 1458-1468.

Hackett C A, Griffiths B S. 1997. Statistical analysis of the time-course of Biolog substrate utilization. Journal of Microbiological Methods, 30(1): 63-69.

Hawksworth L D. 2001. The magnitude of fungal diversity: the 1. 5 million species estimate revisited. Mycological Research, 105 (12): 1422-1432.

He Z, Xu M, Deng Y, et al. 2010. Metagenomic analysis reveals a marked divergence in the structure of belowground microbial communities at elevated CO_2. Ecology Letters, 13 (5): 564-575.

Hobbie S E. 1996. Temperature and plant species control over litter decomposition in Alaskan tundra. Ecological Monographs, 66(4): 503-522.

Hobbie S E, Eddy W C, Buyarski C R, et al. 2012. Response of decomposing litter and its microbial community to multiple forms of nitrogen enrichment. Ecological Monographs, 82(3): 389-405.

Hopmans P, Bauhus J, Khanna P, et al. 2005. Carbon and nitrogen in forest soils: Potential indicators for sustainable management of eucalypt forests in south-eastern Australia. Forest Ecology & Management, 220 (1-3): 75-87.

Hütsch B W. 1996. Methane oxidation in soils of two long-term fertilization experiments in Germany. Soil Biology & Biochemistry, 28 (6): 773-782.

Ibell P T, Xu Z, Blumfield T J. 2010. Effects of weed control and fertilization on soil carbon and nutrient pools in an exotic pine plantation of subtropical Australia. Journal of Soils & Sediments, 10(6): 1027-1038.

Iovieno P, Alfani A, Baath E. 2010. Soil microbial community structure and biomass as affected by *Pinus pinea* plantation in two Mediterranean areas. Applied Soil Ecology, 45(1): 56-63.

Janssens I, DielemanW, Luyssaert S, et al. 2010. Reduction of forest soil respiration in response to nitrogen deposition. Nature Geoscience, 3(5): 315-322.

Jassal R S, Black T A, Roy R, et al. 2011. Effect of nitrogen fertilization on soil CH_4 and N_2O fluxes, and soil and bole respiration. Geoderma, 162 (1): 182-186.

Kara Ö, Bolat İ , Çakıroğlu K, et al. 2008. Plant canopy effects on litter accumulation and soil microbial biomass in two temperate forests. Biology & Fertility of Soils, 45(2): 193-198.

Keeler B L, Hobbie S E, Kellogg L E. 2009. Effects of long-term nitrogen addition on microbial enzyme activity in eight forested and grassland sites: implications for litter and soil organic matter decomposition. Ecosystems, 12(1): 1-15.

King G M, Schnell S. 1994. Ammonium and nitrite inhibition of methane oxidation by *Methylobacter albus* BG8 and *Methylosinus trichosporium* OB3b at low methane concentrations. Applied &Environmental Microbiology, 60 (10): 3508-3513.

Laclau J P, Deleporte P, Ranger J, et al. 2003. Nutrient dynamics throughout the rotation of *Eucalyptus clonal* stands in Congo. Annals of Botany, 91(7): 879-892.

Lee K H, Jose S. 2003. Soil respiration, fine root production, and microbial biomass in cottonwood and loblolly pine plantations along a nitrogen fertilization gradient. Forest Ecology & Management, 185(3): 263-273.

Lehmann J, da Silva Jr J P, Steiner C, et al. 2003. Nutrient availability and leaching in an archaeological Anthrosol and a Ferralsol of the Central Amazon basin: fertilizer, manure and charcoal amendments. Plant &Soil, 249 (2): 343-357.

Lemenih M, Olsson M, Karltun E. 2004. Comparison of soil attributes under *Cupressus lusitanica* and *Eucalyptus saligna* established on abandoned farmlands with continuously cropped farmlands and natural forest in Ethiopia. Forest Ecology & Management, 195(1-2): 57-67.

Liang Y T, Van Nostrand J D, Deng Y, et al. 2011. Functional gene diversity of soil microbial communities from five oil-contaminated fields in China. ISME Journal, 5(3): 403-413.

Lima A M N, Silva I R, Neves J C L, et al. 2006. Soil organic carbon dynamics following afforestation of degraded pastures with eucalyptus in southeastern Brazil. Forest Ecology & Management, 235(1-3): 219-231.

Lisanework N, Michelsen A. 1993. Allelopathy in agroforestry systems: the effects of leaf extracts of *Cupressus lusitanica* and *three Eucalyptus spp.* on four Ethiopian crops. Agroforestry Systems, 21 (1): 63-74.

Lohmann L. 1990. Commercial tree plantations in Thailand: deforestation by any other name. Ecologist 20(1): 9-17.

Lohse K A, Matson P. 2005. Consequences of nitrogen additions for soil losses from wet tropical forests. Ecological Applications, 15 (5): 1629-1648.

Lovell R, Jarvis S, Bardgett R. 1995. Soil microbial biomass and activity in long-term grassland: effects of management changes. Soil Biology & Biochemistry, 27(7): 969-975.

Lynch H B, Epps K Y, Fukami T, et al. 2012. Introduced canopy tree species effect on the soil microbial community in a montane tropical forest. Pacific Science, 66(2): 141-150.

Macdonald C A, Thomas N, Robinson L, et al. 2009. Physiological, biochemical and molecular responses of the soil microbial community after afforestation of pastures with *Pinus radiata*. Soil Biology & Biochemistry, 41(8): 1642-1651.

Maquere V, Laclau J P, Bernoux M, et al. 2008. Influence of land use (savanna, pasture, *Eucalyptus* plantations) on soil carbon and nitrogen stocks in Brazil. European Journal of Soil Science, 59 (5): 863-877.

McIntosh A C S, Macdonald S E, Gundale MJ. 2012. Tree species versus regional controls on ecosystem properties and processes: an example using introduced *Pinus contorta* in Swedish boreal forests. Canadian Journal of Forest Research-Revue Canadienne De Recherche Forestiere, 42(7): 1228-1238.

McKinley V L, Peacock A D, White D C. 2005. Microbial community PLFA and PHB responses to ecosystem restoration in tallgrass prairie soils. Soil Biology & Biochemistry, 37(10): 1946-1958.

Micks P, Aber J D, Boone R D, et al. 2004. Short-term soil respiration and nitrogen immobilization response to nitrogen applications in control and nitrogen-enriched temperate forests. Forest Ecology &Management, 196(1): 57-70.

Mishra A, Sharma S D, Khan G H. 2003. Improvement in physical and chemical properties of sodic soil by 3, 6 and 9 years old plantation of *Eucalyptus tereticornis*: Biorejuvenation of sodic soil. Forest Ecology & Management, 184 (1-3): 115-124.

Mitchell A, Smethurst P. 2008. Base cation availability and leaching after nitrogen fertilisation of a eucalypt plantation. Soil Research, 46 (5): 445-454.

Mitchell C E, Agrawal A A, Bever J D, et al. 2006. Biotic interactions and plant invasions. Ecology Letters, 9: 726-740.

Mitchell R J, Hester A J, Campbell C D, et al. 2012. Explaining the variation in the soil microbial community: do vegetation composition and soil chemistry explain the same or different parts of the microbial variation? Plant& Soil, 351(1-2): 355-362.

Moore-Kucera J, Dick R P. 2008. PLFA profiling of microbial community structure and seasonal shifts in soils of a Douglas-fir chronosequence. Microbial Ecology, 55(3): 500-511.

Nanba K, King G M. 2000. Response of atmospheric methane consumption by Maine forest soils to exogenous aluminum salts. Applied & Environmental Microbiology, 66 (9): 3674-3679.

Neary D G, Klopatek C C, DeBano L F, et al. 1999. Fire effects on belowground sustainability: a review and synthesis. Forest Ecology & Management, 122(1-2): 51-71.

Olsson P A. 1999. Signature fatty acids provide tools for determination of the distribution and interactions of mycorrhizal fungi in soil. FEMS Microbiology Ecology, 29(4): 303-310.

Osono T. 2007. Ecology of ligninolytic fungi associated with leaf litter decomposition. Ecological Research, 22(6): 955-974.

Palese A M, Giovannini G, Lucchesi S, et al. 2004. Effect of fire on soil C, N and microbial biomass. Agronomie, 24(1): 47-53.

Penfold A, Willis J L. 1961. The Eucalypts. Botany, Cultivation, Chemistry, and Utilization. New York: Leonard Hill & Interscience Publishers.

Pereira S I, Freire C S R, Neto C P, et al. 2005. Chemical composition of the essential oil distilled from the fruits of *Eucalyptus globulus* grown in Portugal. Flavour &Fragrance Journal, 20 (4): 407-409.

Peršoh D, Theuerl S, Buscot F, et al. 2008. Towards a universally adaptable method for quantitative extraction of high-purity nucleic acids from soil. Journal of Microbiological Methods, 75 (1): 19-24.

Pickett S T A. 1989. Space-for-time substitution as an alternative to long-term studies // Likens G E eds. Long-term Studies in Ecology. New York etc: Springer.

Powlson D S, Brookes P C, Christensen B T. 1987. Measurement of soil microbial biomass provides an early indication of changes in total soil organic-matter due to straw incorporation. Soil Biology & Biochemistry, 19(2): 159-164.

Pregitzer K S, Zak D R, Burton A J, et al. 2004. Chronic nitrate additions dramatically increase the export of carbon and nitrogen from northern hardwood ecosystems. Biogeochemistry, 68 (2): 179-197.

Preston-Mafham J, Boddy L, Randerson P F. 2002. Analysis of microbial community functional diversity using sole-carbon-source utilisation profiles - a critique. FEMS Microbiology Ecology, 42(1): 1-14.

Pulrolnik K, Barros N F D, Silva I R, et al. 2009. Carbon and nitrogen pools in soil organic matter under eucalypt, pasture and savanna vegetation in Brazil. Revista Brasileira De Ciencia Do Solo, 33 (5): 1125-1136.

Reay D S, Nedwell D B. 2004. Methane oxidation in temperate soils: effects of inorganic N. Soil Biology & Biochemistry, 36 (12): 2059-2065.

Rice E L. 2012. Allelopathy. New York: Academic Press.

Romaniuk R, Lidia G, Alejandro C, et al. 2011. A comparison of indexing methods to evaluate quality of soils: the role of soil microbiological properties. Soil Research, 49(8): 733-741.

Rovira P, Vallejo V R. 2002. Labile and recalcitrant pools of carbon and nitrogen in organic matter decomposing at different depths in soil: an acid hydrolysis approach. Geoderma, 107 (1-2): 109-141.

Russow R, Spott O, Stange C F. 2008. Evaluation of nitrate and ammonium as sources of NO and N_2O emissions from black earth soils (Haplic Chernozem) based on ^{15}N field experiments. Soil Biology & Biochemistry, 40 (2): 380-391.

Senbayram M, Chen R, Budai A, et al. 2012. N_2O emission and the $N_2O/(N_2O+N_2)$ product ratio of denitrification as controlled by available carbon substrates and nitrate concentrations. Agriculture Ecosystems & Environment, 147: 4-12.

Shiva V, Bandyopadhyay J. 1983. Eucalyptus - a disastrous tree for India. The Ecologist, 13: 184-187.

Sicardi M, Garcia-prechac F, Frioni L. 2004. Soil microbial indicators sensitive to land use conversion from pastures to commercial *Eucalyptus grandis* (Hill ex Maiden) plantations in Uruguay. Applied Soil Ecology, 27(2): 125-133.

Sinsabaugh R L, Saiyacork K, Long T, et al. 2003. Soil microbial activity in a Liquidambar plantation unresponsive to CO_2-driven increases in primary production. Applied Soil Ecology, 24 (3): 263-271.

Stephan A, Meyer A H, Schmid B. 2000. Plant diversity affects culturable soil bacteria in experimental grassland communities. Journal of Ecology, 88(6): 988-998.

Steudler P, Bowden R D, Melillo J M, et al. 1989. Influence of nitrogen fertilization on methane uptake in temperate forest soils. Nature, 341: 314-316.

Thomas D C, Zak D R, Filley T R. 2012. Chronic N deposition does not apparently alter the biochemical composition of forest floor and soil organic matter. Soil Biology & Biochemistry, 54: 7-13.

Tiedje J M. 1982. Denitrification//Page A L, Miller R H, Keeney D R. Methods of soil analysis. part 2. chemical and microbiological properties. 2ed. Soil Science Society of America.

Treseder K K. 2008. Nitrogen additions and microbial biomass: a meta-analysis of ecosystem studies. Ecology Letters, 11(10): 1111-1120.

Trofymow J A, Porter G L. 1998. Introduction to the coastal forest chronosequence project. Northwest Science, 72. 4-8.

Tu L, Hu T X, Zhang J, et al. 2013. Nitrogen addition stimulates different components of soil respiration in a subtropical bamboo ecosystem. Soil Biology & Biochemistry, 58: 255-264.

Turnbull J W. 1999. Eucalypt plantations. New Forests, 17(1-3): 37-52.

Turner J, Lambert M. 2000. Change in organic carbon in forest plantation soils in eastern Australia. Forest Ecology & Management, 133 (3): 231-247.

Uchida Y, Nishimura S, Akiyama H. 2012. The relationship of water-soluble carbon and hot-water-soluble carbon with soil respiration in agricultural fields. Agriculture Ecosystems &Environment, 156: 116-122

van der Heijden M G A, Bardgett RD, van Straalen NM. 2008. The unseen majority: soil microbes as drivers of plant diversity and productivity in terrestrial ecosystems. Ecology Letters, 11 (3): 296-310.

van Miegroet H, Cole D. 1984. The impact of nitrification on soil acidification and cation leaching in a red alder ecosystem. Journal of Environmental Quality, 13 (4): 586-590.

Venterea R T, Groffman P M, Verchot L V, et al. 2003. Nitrogen oxide gas emissions from temperate forest soils receiving long-term nitrogen inputs. Global Change Biology, 9 (3): 346-357.

Vitousek P M, Walker L R, Whiteaker L D, et al. 1987a. Biological invasion by *Myrica faya* alters ecosystem development in Hawaii. Science, 238(4828): 802-804.

Vitousek P M, Loope L L, Stone C P. 1987b. Introduced species in Hawaii - Biological effects and opportunities for ecological research. Trends in Ecology & Evolution, 2 (7): 224-227.

Vitousek P M, Walker L R. 1989. Biological invasion by *Myricafaya* in Hawaii-Plant demography, nitrogen-fixation, ecosystem effects. Ecological Monographs, 59 (3): 247-265.

Waldrop M P, Balser T C, Firestone M K. 2000. Linking microbial community composition to function in a tropical soil. Soil Biology & Biochemistry, 32(13): 1837-1846.

Waldrop M P, Zak D R, Sinsabaugh R L, et al. 2004a. Nitrogen deposition modifies soil carbon storage through changes in microbial enzymatic activity. Ecological Applications, 14 (4): 1172-1177.

Waldrop M P, Zak D R, Sinsabaugh R L. 2004b. Microbial community response to nitrogen deposition in northern forest ecosystems. Soil Biology and Biochemistry, 36(9): 1443-1451.

Wang Y, Cheng S, Fang H, et al. 2014. Simulated nitrogen deposition reduces CH_4 uptake and Increases N_2O emission from a subtropical plantation forest soil in southern China. Plos One, 9 (4): e93571.

Wang Y, Ouyang Z Y, Zheng H, et al. 2011. Carbon metabolism of soil microbial Communities of restored forests in Southern China. Journal of Soils and Sediments, 11: 789-799.

Wardle D A. 1992. A comparative-assessment of factors which influence microbial biomass carbon and nitrogen levels in soil. Biological Reviews of the Cambridge Philosophical Society, 67(3): 321-358.

Wei Y C, Ouyang Z Y, Miao H, et al. 2009. Exotic *Pinus carbaea* causes soil quality to deteriorate on former abandoned land compared to an indigenous *Podocarpus* plantation in the tropical forest area of southern China. Journal of Forestry Research, 14(4): 221-228.

Winding A. 1994. Fingerprinting bacterial soil communities using Biolog microtitre plates// Ritz K, Dighton J, Giller KE. eds. Beyond the biomass: compositional and funcitional analysis of soil microbial communities. Chichester: John Wiley & Sons Ltd.

Wu J, Liu Z, Wang X, et al. 2011. Effects of understory removal and tree girdling on soil microbial community composition and litter decomposition in two *Eucalyptus* plantations in South China. Functional Ecology, 25(4): 921-931.

Wu L, Liu X, Schadt C W, et al. 2006. Microarray-based analysis of subnanogram quantities of microbial community DNAs by using whole-community genome amplification. Applied & Environmental Microbiology, 72 (7): 4931-4941.

Xu X, Inubushi K. 2004. Effects of N sources and methane concentrations on methane uptake potential of a typical coniferous forest and its adjacent orchard soil. Biology& Fertility of Soils, 40 (4): 215-221.

Xu Z, Ward S, Chen C, et al. 2008. Soil carbon and nutrient pools, microbial properties and gross nitrogen transformations in adjacent natural forest and hoop pine plantations of subtropical Australia. Journal of Soils &Sediments, 8(2): 99-105.

Yano Y, McDowell W, Aber J. 2000. Biodegradable dissolved organic carbon in forest soil solution and effects of chronic nitrogen deposition. Soil Biology & Biochemistry, 32 (11): 1743-1751.

Zelles L. 1997. Phospholipid fatty acid profiles in selected members of soil microbial communities. Chemosphere, 35 (1): 275-294.

Zelles L. 1999. Fatty acid patterns of phospholipids and lipopolysaccharides in the characterisation of microbial communities in soil: a review. Biology & Fertility of Soils, 29 (2): 111-129.

Zhang C, Fu S. 2009. Allelopathic effects of eucalyptus and the establishment of mixed stands of eucalyptus and native species. Forest Ecology & Management, 258(7): 1391-1396.

Zhang C, Fu S. 2010. Allelopathic effects of leaf litter and live roots exudates of *Eucalyptus* species on crops. Allelopathy Journal, 26(1): 91-99.

Zhang K, Zheng H, Chen F, et al. 2015. Changes in soil quality after converting *Pinus to Eucalyptus* plantations in southern China. Solid Earth, 6: 115-123.

Zhang K, Zheng H, Chen F, et al. 2017. Impact of nitrogen fertilization on soil atmosphere greenhouse gas exchanges in eucalypt plantations with different soil characteristics in southern China. PLoS ONE, 12(2): e0172142.

Zhang W, Mo J, Yu G, et al. 2008. Emissions of nitrous oxide from three tropical forests in southern China in response to simulated nitrogen deposition. Plant &Soil, 306 (1-2): 221-236.

Zhang X, Wang Q, Gilliam FS, et al. 2012. Effect of nitrogen fertilization on net nitrogen mineralization in a grassland soil, northern China. Grass &Forage Science, 67 (2): 219-230.

Zheng H, Ouyang Z Y, Wang X K, et al. 2005. Effects of regenerating forest cover on soil microbial communities: A case study in hilly red soil region, Southern China. Forest Ecology & Management, 217(2-3): 244-254.

Zheng H, Chen F L, Ouyang Z Y, et al. 2008. Impacts of reforestation approaches on runoff control in the hilly red soil region of Southern China. Journal of Hydrology, 356(1-2): 174-184.

Zhong W, Gu T, Wang W, et al. 2010. The effects of mineral fertilizer and organic manure on soil microbial community and diversity. Plant & Soil, 326(1-2): 511-522.

Zhou Z, Jiang L, Du E, et al. 2013. Temperature and substrate availability regulate soil respiration in the tropical mountain rainforests, Hainan Island, China. Journal of Plant Ecology, 6 (5): 325-334.